Matthieu Deneufchâtel

Intégrales Itérées en Physique Combinatoire

Matthieu Deneufchâtel

Intégrales Itérées en Physique Combinatoire

Intégrales de Selberg, Hyperlogarithmes et Bases de l'algèbre libre : différentes applications du produit de mélange

Presses Académiques Francophones

Impressum / Mentions légales
Bibliografische Information der Deutschen Nationalbibliothek: Die Deutsche Nationalbibliothek verzeichnet diese Publikation in der Deutschen Nationalbibliografie; detaillierte bibliografische Daten sind im Internet über http://dnb.d-nb.de abrufbar.
Alle in diesem Buch genannten Marken und Produktnamen unterliegen warenzeichen-, marken- oder patentrechtlichem Schutz bzw. sind Warenzeichen oder eingetragene Warenzeichen der jeweiligen Inhaber. Die Wiedergabe von Marken, Produktnamen, Gebrauchsnamen, Handelsnamen, Warenbezeichnungen u.s.w. in diesem Werk berechtigt auch ohne besondere Kennzeichnung nicht zu der Annahme, dass solche Namen im Sinne der Warenzeichen- und Markenschutzgesetzgebung als frei zu betrachten wären und daher von jedermann benutzt werden dürften.

Information bibliographique publiée par la Deutsche Nationalbibliothek: La Deutsche Nationalbibliothek inscrit cette publication à la Deutsche Nationalbibliografie; des données bibliographiques détaillées sont disponibles sur internet à l'adresse http://dnb.d-nb.de.
Toutes marques et noms de produits mentionnés dans ce livre demeurent sous la protection des marques, des marques déposées et des brevets, et sont des marques ou des marques déposées de leurs détenteurs respectifs. L'utilisation des marques, noms de produits, noms communs, noms commerciaux, descriptions de produits, etc, même sans qu'ils soient mentionnés de façon particulière dans ce livre ne signifie en aucune façon que ces noms peuvent être utilisés sans restriction à l'égard de la législation pour la protection des marques et des marques déposées et pourraient donc être utilisés par quiconque.

Coverbild / Photo de couverture: www.ingimage.com

Verlag / Editeur:
Presses Académiques Francophones
ist ein Imprint der / est une marque déposée de
AV Akademikerverlag GmbH & Co. KG
Heinrich-Böcking-Str. 6-8, 66121 Saarbrücken, Deutschland / Allemagne
Email: info@presses-academiques.com

Herstellung: siehe letzte Seite /
Impression: voir la dernière page
ISBN: 978-3-8381-7784-7

Avant-propos

Cet ouvrage est issu de la thèse de doctorat que l'auteur a préparée de 2009 à 2012 au sein de l'équipe *Combinatoire, Algorithmique et Interactions* du Laboratoire d'Informatique de l'Université Paris Nord - XIII.

L'auteur tient à remercier ses directeurs de thèse, Jean-Gabriel Luque et Gérard H. E. Duchamp sans lesquels ces travaux n'auraient pu aboutir. Sont aussi remerciés chaleureusement tous les coauteurs des publications auxquelles il a participé : Vincel Hoang Ngoc Minh, Christophe Carré, Pierpaolo Vivo et Allan I. Solomon.

Table des matières

1   Introduction

Les différents sujets que j'ai étudiés, intégrale de Selberg, hyperlogarithmes et bases en dualité dans les algèbres enveloppantes, pour résumer, bien qu'ils puissent sembler assez éloignés les uns des autres, sont en fait liés par les outils auxquels ils font appel. Ainsi, le produit de mélange sous-tend la structure multiplicative des intégrales itérées via le lemme de Chen, lequel permet le calcul de certaines intégrales multiples ; de plus, le produit de mélange apparaît naturellement dans le cas de l'algèbre libre.

1.1   Lemme de Chen

Soit X un alphabet. Le lemme de Chen relie les intégrales itérées et le produit de mélange ⧢ défini sur l'algèbre libre $\mathbb{Z}\langle X \rangle$ comme suit :

$$1 \shuffle w = w \shuffle 1 = w \; ;$$
$$(au) \shuffle (bv) = a(u \shuffle (bv)) + b((au) \shuffle v) \tag{1}$$

pour tous u, v, $w \in X^*$ et $a, b, \in X$.

Le lien entre ces objets est présenté dans [LT02], dont nous rappelons ici quelques idées. Soit $\mathscr{H}$ un espace vectoriel de fonctions intégrables sur un intervalle (a,b). Si $f_1, \ldots, f_n$ sont des fonctions de $\mathscr{H}$, notons $\langle f_1 \ldots f_n \rangle$ l'intégrale

$$\langle f_1 \ldots f_n \rangle = \int_a^b dy_1 \int_a^{y_1} \ldots \int_a^{y_{n-1}} dy_n \, f_1(y_1) \ldots f_n(y_n) \tag{2}$$

que l'on considère comme une forme linéaire définie sur $\mathscr{H}^{\otimes n}$.

Considérant une famille de fonctions ϕ_{x_i} indexées par des lettres appartenant à X, nous associons au mot $w = x_{i_1} \ldots x_{i_{|w|}}$ l'intégrale

$$\langle w \rangle = \langle \phi_{x_{i_1}} \ldots \phi_{x_{i_{|w|}}} \rangle. \tag{3}$$

Alors

Lemme 1.1 $\forall u, v \in X^*$
$$\langle u \rangle \langle v \rangle = \langle u \shuffle v \rangle. \tag{4}$$

Illustrons cette propriété dans le cas où l'on étend $\langle \cdot \rangle$ aux polynômes en calculant $\langle 12 \rangle \langle 3 \rangle$:

$$\langle 12 \rangle \langle 3 \rangle = \int_{a \le y_2 \le y_1 \le b} \phi_1(y_1)\phi_2(y_2) dy_1 dy_2 \cdot \int_{a \le y_1 \le b} \phi_3(y_1) dy_1. \tag{5}$$

Cette dernière intégrale s'écrit en fait $\int_D \phi_1(y_1)\phi_2(y_2)\phi_3(y_3)dy_1dy_2dy_3$ où

$$D = \{(y_1, y_2, y_3) \ : a \leq y_1 \leq y_2 \leq b, \, a \leq y_3 \leq b\}. \tag{6}$$

Ce domaine se décompose en trois simplexes :

$$\begin{aligned} D = &\{(y_1, y_2, y_3) \ : a \leq y_1 \leq y_2 \leq y_3 \leq b\} \\ &\cup \{(y_1, y_2, y_3) \ : a \leq y_1 \leq y_3 \leq y_2 \leq b\} \\ &\cup \{(y_1, y_2, y_3) \ : a \leq y_3 \leq y_1 \leq y_2 \leq b\}. \end{aligned} \tag{7}$$

Ceux-ci ne sont pas disjoints mais leurs intersections deux à deux sont restreintes à des ensembles d'épaisseur nulle qui n'ont par conséquent aucune contribution dans les intégrales (voir Figure 1). Ainsi,

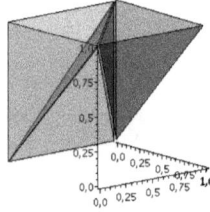

FIGURE 1 – Illustration du simplex D pour $a = 0$ et $b = 1$.

$$\langle 12 \rangle \langle 3 \rangle =$$
$$\int_{a \leq y_1 \leq y_2 \leq y_3 \leq b} \phi_1(y_1)\phi_2(y_2)\phi_3(y_3) \, dy_1dy_2dy_3 +$$
$$\int_{a \leq y_1 \leq y_2 \leq y_3 \leq b} \phi_1(y_1)\phi_3(y_2)\phi_2(y_3) \, dy_1dy_2dy_3 +$$
$$\int_{a \leq y_1 \leq y_2 \leq y_3 \leq b} \phi_3(y_1)\phi_1(y_2)\phi_2(y_3) \, dy_1dy_2dy_3 \tag{8}$$
$$= \langle 123 \rangle + \langle 132 \rangle + \langle 312 \rangle$$
$$= \langle 12 \shuffle 3 \rangle.$$

Cette remarque est en fait générale : le produit $\langle u \rangle \langle v \rangle$ est une intégrale sur le produit cartésien de deux simplexes qui s'écrit comme l'union de deux simplexes presque disjoints, leur intersection étant constituée de leurs bords qui ne contribuent pas à l'intégrale.

1.2   Le cas des polylogarithmes

La relation (4) apparaît dans le cas des hyperlogarithmes qui constituent l'un des sujets abordés dans ce mémoire.

Les fonctions hyperlogarithmes peuvent être présentées comme une généralisation de la fonction ζ de Riemann :

$$\zeta(s) = \sum_{n \geq 1} \frac{1}{n^s}. \tag{9}$$

L'un des inconvénients de cette fonction est qu'elle n'est pas associée à une structure multiplicative : *a priori*, le produit de deux valeurs $\zeta(s_1)$ et $\zeta(s_2)$ n'est pas relié à une troisième valeur $\zeta(s_3)$. Pour aller plus loin, considérons les *polyzetas* définis comme suit :

$$\zeta(\mathbf{s}) = \sum_{n_1 > \cdots > n_k > 0} \frac{1}{n_1^{s_1} \ldots n_k^{s_k}} \tag{10}$$

pour tout k-uplet $\mathbf{s}$.

En fait, les polyzetas convergents, obtenus pour des k-uplets $\mathbf{s}$ vérifiant $s_1 > 1$, sont des spécialisations de la fonction *polylogarithme* en 1 :

$$\zeta(\mathbf{s}) = \mathrm{Li}_{\mathbf{s}}(1)$$

avec

$$\mathrm{Li}_{\mathbf{s}}(z) = \sum_{n_1 > \cdots > n_k > 0} \frac{z^{n_1}}{n_1^{s_1} \ldots n_k^{s_k}}. \tag{11}$$

Il est possible de montrer que la définition précédente de la fonction polylogarithme est équivalente à la définition suivante, laquelle indexe les fonctions par des mots sur l'alphabet $\{x_0, x_1\}$ et les construit comme des intégrales itérées : $\forall z \in \mathbb{C} \backslash \,]-\infty, 0[\, \cup\,]1, +\infty[$,

$$\mathrm{Li}_{x_0^n}(z) = \frac{\ln^n(z)}{n!},$$

$$\mathrm{Li}_{x_1 w}(z) = \int_0^z \frac{dt}{1-t} \mathrm{Li}_w(t),$$

et, $\forall w \in X^* x_1 X^*$,

$$\mathrm{Li}_{x_0 w}(z) = \int_0^z \frac{dt}{t} \mathrm{Li}_w(t).$$

Pour cela, il faut remarquer que tout mot $w \in \{x_0, x_1\}^*$ se décompose comme un produit de facteurs de la forme $x_0^{s_k - 1} x_1$ ($w = x_0^{s_1 - 1} x_1 \ldots x_0^{s_k - 1} x_1$) puis associer à w le multiindice $\mathbf{s} = (s_1, \ldots, s_k)$.

Notons $L(z) = \sum\limits_{w \in X^*} \mathrm{Li}_w(z)w$ la série génératrice des polylogarithmes. Cette série est une série de Lie, ce qui implique qu'elle vérifie la relation suivante :

$$\forall u, v \in X^*, \langle L(z)|u \shuffle v \rangle = \langle L(z)|u \rangle \langle L(z)|v \rangle, \tag{12}$$

$\forall z \in \mathbb{C} \backslash]-\infty, 0[\cup]1, +\infty[$. De manière équivalente, cela signifie que les polylogarithmes vérifient le lemme de Chen.

Remarque 1.2 *La définition des polyzetas via (10) fait intervenir un simplex strict (sans les bords, ce qui est indiqué par les inégalités strictes). Considérons le produit de deux de ces fonctions, $\zeta(s_1, s_2)$ et $\zeta(s_3)$:*

$$\sum_{n_1 > n_2 > 0} \frac{1}{n_1^{s_1} n_2^{s_2}} \sum_{n_1 > 0} \frac{1}{n_1^{s_3}} = \sum_{\substack{n_1 > n_2 > 0 \\ n_3 > 0}} \frac{1}{n_1^{s_1} n_2^{s_2} n_3^{s_3}}. \tag{13}$$

Le domaine de sommation se compose de plusieurs parties dont les unions deux à deux sont disjointes :

$$\{(n_1, n_2, n_3) : n_1 > n_2 > 0, n_3 > 0\} =$$
$$\{(n_1, n_2, n_3) : n_1 > n_2 > n_3 > 0\} \cup$$
$$\{(n_1, n_2, n_3) : n_1 > n_2 > 0, n_2 = n_3\} \cup$$
$$\{(n_1, n_2, n_3) : n_1 > n_3 > n_2 > 0\} \cup$$
$$\{(n_1, n_2, n_3) : n_1 > n_2 > 0, n_1 = n_3\} \cup$$
$$\{(n_1, n_2, n_3) : n_3 > n_1 > n_2 > 0\}.$$

Par conséquent, nous obtenons la relation suivante :

$$\begin{aligned}
\zeta(s_1, s_2)\zeta(s_3) &= \sum_{n_1 > n_2 > n_3 > 0} \frac{1}{n_1^{s_1} n_2^{s_2} n_3^{s_3}} + \sum_{n_1 > n_2 > 0} \frac{1}{n_1^{s_1} n_2^{s_2} n_2^{s_3}} + \sum_{n_1 > n_3 > n_2 > 0} \frac{1}{n_1^{s_1} n_2^{s_2} n_3^{s_3}} \\
&\quad + \sum_{n_1 > n_2 > 0} \frac{1}{n_1^{s_1} n_2^{s_2} n_1^{s_3}} + \sum_{n_3 > n_1 > n_2 > 0} \frac{1}{n_1^{s_1} n_2^{s_2} n_3^{s_3}} \\
&= \zeta(s_1, s_2, s_3) + \zeta(s_1, s_2 + s_3) + \\
&\quad + \zeta(s_1, s_3, s_2) + \zeta(s_1 + s_3, s_2) + \zeta(s_3, s_1, s_2).
\end{aligned} \tag{14}$$

Celle-ci fait apparaître le produit de quasi-mélange, déformation du produit de mélange que nous utilisons beaucoup dans cette thèse, des multi-indices (s_1, s_2) et (s_3) (voir (324)).

Les hyperlogarithmes, auxquels je me suis plus particulièrement intéressé et qui généralisent les polylogarithmes, comme nous le montrerons en détail dans la section 6 (dans le cas où l'on ne se restreint plus à deux singularités en 0 et en 1 comme dans le cas des polylogarithmes), vérifient aussi une relation de ce type.

Par ailleurs, l'un des sujets de cette étude est l'intégrale de Selberg. Or celle-ci, calculée dans le cas où le déterminant de Vandermonde apparaît au carré, est un cas particulier d'une formule de de Bruijn, qui découle elle-même du lemme de Chen. C'est ce que nous montrons dans la section suivante.

1.3   Formule de de Bruijn

Il existe plusieurs formules de de Bruijn décrivant les relations entre intégrales multiples et intégrales "simples" du même type. Par exemple, en reprenant les notations de la section 1.1

$$\int \cdots \int_{a \leq x_1 < \cdots < x_{2n} \leq b} \det(\phi_i(x_j)) dx_1 \ldots dx_{2n} = \mathrm{Pf}(P_{ij})_{1 \leq i,j \leq 2n} \tag{15}$$

où Pf désigne le Pfaffien de la matrice antisymétrique $P = (P_{ij})_{ij}$ [1] avec

$$P_{ij} = \iint_{a \leq x < y \leq b} [\phi_i(x)\phi_j(y) - \phi_i(y)\phi_j(x)] \, dx dy. \tag{17}$$

Dans [LT02], les auteurs montrent comment retrouver ces formules à partir du lemme de Chen et d'identités sur les produits de mélange : soit $(a_i)_i$ et $(b_i)_i$ deux suites de lettres d'un alphabet A et $\eta = \{\eta_i\}_{1 \leq i \leq n}$ une famille de variable anti-commutatives (satisfaisant donc les relations $\eta_i \eta_j + \eta_j \eta_i = 0$, $\forall i,j$). Alors

$$\sum_{i_1 < \cdots < i_{2k}} \sum_{\sigma \in \mathfrak{S}_{2k}} \epsilon(\sigma) a_{i_{\sigma(1)}} b_{i_{\sigma(2)}} \ldots a_{i_{\sigma(2k-1)}} b_{i_{\sigma(2k)}} \eta_{i_1} \ldots \eta_{i_{2k}}$$
$$= \overrightarrow{\prod_{i>0}} \left(1 + \sum_{i<j} (a_i b_j - a_j b_i) \eta_i \eta_j \right). \tag{18}$$

Cette équation permet d'écrire que

$$\sum_{\sigma \in \mathfrak{S}_{2n}} \epsilon(\sigma) a_{\sigma(1)} b_{\sigma(2)} \ldots a_{\sigma(2k-1)} b_{\sigma(2k)} = \mathrm{Pf}_{\sqcup\!\sqcup} (a_i b_j - a_j b_i)_{1 \leq i,j \leq 2n} \tag{19}$$

---

1. Le Pfaffien $\mathrm{Pf}(P_{ij})$ est un polynôme dont le carré est égal au déterminant de la matrice et dont les coefficients sont des coefficients de la matrice. Il est donné explicitement par la formule

$$\mathrm{Pf}(P_{ij}) = \frac{1}{2^n n!} \sum_{\sigma \in \mathfrak{S}_{2n}} \epsilon(\sigma) P_{\sigma(1)\sigma(2)} \ldots P_{\sigma(2n-1)\sigma(2n)} \tag{16}$$

pour $P_{ij} \in R_{2n \times 2n}$ où R est un anneau commutatif.

où $\mathrm{Pf}_{\sqcup\!\sqcup}(P_{ij})$ désigne le Pfaffien d'une matrice P antisymétrique de taille $2n \times 2n$ de $R\langle A\rangle_{\sqcup\!\sqcup}$ [2].

Si l'on considère l'équation (19) dans le cas où $a_i = b_i$, nous trouvons que

$$\sum_{\sigma \in \mathfrak{S}_{2n}} \epsilon(\sigma) a_{\sigma(1)} a_{\sigma(2)} \ldots a_{\sigma(2n-1)} a_{\sigma(2n)} = \mathrm{Pf}_{\sqcup\!\sqcup}(a_k a_l - a_l a_k)_{1 \leq k,l \leq 2n} \, . \qquad (20)$$

L'application du lemme de Chen (prendre comme alphabet $A = \{1, \ldots, 2n\}$ pour indexer les fonctions ϕ_i et appliquer la forme linéaire $\langle\rangle$) à cette relation donne

$$\sum_{\sigma \in \mathfrak{S}_{2n}} \langle \sigma \rangle = \langle \mathrm{Pf}_{\sqcup\!\sqcup}(ij - ji) \rangle = \mathrm{Pf}_{\sqcup\!\sqcup}(\langle ij - ji \rangle) \qquad (21)$$

c'est-à-dire la relation (15).

1.4 Intégrale de Selberg et hyperdéterminants

L'intégrale de Selberg, généralisation de l'intégrale β d'Euler, calculée en 1944 par Selberg ([Sel44]), est liée à l'étude de certaines généralisations du déterminant d'une matrice (voir [LT03]).

Soit $(A_{i_1 \ldots i_k})_{0 \leq i_1, \ldots, i_k \leq n-1}$ un tenseur de rang k en dimension n. A est appelé *tenseur de Hankel* lorsqu'il vérifie

$$A_{i_1 \ldots i_k} = f(i_1 + \cdots + i_k). \qquad (22)$$

Pour aller plus loin, choisissons une suite $(c_n)_{n \geq 0}$ et notons $D_n^{(k)}(c)$ l'hyperdéterminant

$$D_n^{(k)} = \mathrm{Det}_{2k}(c_{i_1 + \cdots + i_{2k}})_{0 \leq i_p \leq n-1} \qquad (23)$$

où

$$\mathrm{Det}_k(B) = \frac{1}{n!} \sum_{\sigma_1, \ldots, \sigma_k \in \mathfrak{S}_n} \epsilon(\sigma_1) \ldots \epsilon(\sigma_k) \prod_{i=1}^{n} B_{\sigma_1(i) \ldots \sigma_k(i)} \qquad (24)$$

pour un tenseur B de rang k en dimension n.

Désignons par μ la fonctionnelle linéaire sur l'espace des polynômes en une variable vérifiant $\mu(x^n) = c_n$, $\forall n \geq 0$. Cette fonctionnelle s'étend naturellement aux polynômes en plusieurs variables en posant $\mu_n(x_1^{m_1} \ldots x_n^{m_n}) = c_{m_1} \ldots c_{m_n}$. En utilisant le développement du déterminant de Vandermonde

$$\Delta(x) = \sum_{\sigma \in \mathfrak{S}_n} \epsilon(\sigma) \sigma(x_n^{n-1} x_{n-1}^{n-2} \ldots x_2^{2-1} x_1^{1-1}), \qquad (25)$$

---

2. Nous anticipons ici sur les notations que nous utiliserons constamment par la suite : si R est un anneau commutatif, $R\langle A\rangle_{\sqcup\!\sqcup}$ désigne la R-algèbre de mélange sur l'alphabet A.

on vérifie que

$$D_n^{(k)}(c) = \frac{1}{n!}\mu_n(\Delta^{2k}(x)). \tag{26}$$

En développant les facteurs $(x_i - x_j)^{2k}$ qui figurent dans la puissance du déterminant de Vandermonde, nous obtenons

$$D_n^{(k)}(c) = \frac{1}{n!} \sum_{M=(m_{ij})_{ij}} (-1)^{|M|} \prod_{i>j} \binom{2k}{m_{ij}} \prod_{p=1}^{n} c_{\alpha_p(M)} \tag{27}$$

où la somme porte sur les matrices M triangulaires inférieures strictes telles que $0 \leq m_{ij} \leq 2k$, $|M| = \sum_{i>j} m_{ij}$ et

$$\alpha_p(M) = 2k(p-1) + \sum_{i=p+1}^{n} m_{ip} - \sum_{j=1}^{p-1} m_{pj}. \tag{28}$$

Si μ est une mesure sur $\mathbb{R}$, nous avons

$$D_n^{(k)}(c) = \frac{1}{n!} \int_{\mathbb{R}^n} \Delta^{2k}(x) d\mu(x_1) \dots d\mu(x_n). \tag{29}$$

Cette dernière intégrale est du type Selberg.

Dans [LT04], les auteurs montrent que la preuve originale de Selberg peut être reformulée en termes de calcul sur des hyperdéterminants.

Première partie

Asymptotique de l'intégrale de Selberg

Sommaire

2 Introduction

2.1 Généralités

2.1.1 Objectif

L'objet de cette partie est le calcul et l'étude du comportement asymptotique de l'intégrale de certains polynômes multivariés par rapport à la mesure de Selberg, définie par le produit

$$\prod_{i=1}^{N} x_i^{a-1}(1-x_i)^{b-1} \prod_{i<j} |x_i - x_j|^{2c} dx_i. \tag{30}$$

Notons que le second facteur $(\prod_{i<j} |x_i - x_j|^{2c})$ est le *déterminant de Vandermonde* des x_i à la puissance $2c$.

Considérant un polynôme f en les variables $x_1, \ldots, x_N$, nous appelons *intégrale de Selberg* de ce polynôme l'intégrale :

$$\langle f \rangle_{a,b,c}^{N} = \frac{1}{\mathscr{N}} \int_{[0,1]^N} f(x_1, \ldots, x_N) \prod_{i=1}^{N} x_i^{a-1}(1-x_i)^{b-1} \prod_{i<j} |x_i - x_j|^{2c} dx_i \tag{31}$$

où les paramètres a, b, c sont complexes et où $\mathscr{N}$ est une constante de normalisation.

Le but est de calculer cette intégrale pour des polynômes multivariés quelconques, de préciser les conditions qui donnent lieu à une limite lorsque le nombre de variables tend vers l'infini et de décrire le comportement asymptotique dans ces conditions.

Dans la section 3, nous montrons comment calculer cette intégrale pour de nombreux polynômes non nécessairement symétriques et donnons une condition pour que la limite $N \to \infty$ existe. C'est cette limite que nous explorons en détail dans la section 4 dans le cas $c = 1$.

2.1.2 L'intégrale de Selberg

Un panorama de l'histoire de cette intégrale est présenté dans [FW08]. Le calcul de l'intégrale de Selberg

$$S_N(a,b,c) = \int_{[0,1]^N} \prod_{i=1}^{N} x_i^{a-1}(1-x_i)^{b-1} \prod_{i<j} |x_i - x_j|^{2c} dx_i \tag{32}$$

est dû à Atle Selberg ([Sel44] ; cette preuve est reproduite en anglais dans [Meh67]), qui lui a donné son nom, et remonte au début des années 40. Il aboutit au résultat suivant :

$$S_N(a, b, c) = \prod_{j=0}^{N-1} \frac{\Gamma(a + jc)\Gamma(b + jc)\Gamma(1 + (j + 1)c)}{\Gamma(a + b + (N + j - 1)c)\Gamma(1 + c)}. \tag{33}$$

La preuve se décompose en deux parties, l'une combinatoire, l'autre analytique. Selberg commence par prouver le résultat dans le cas particulier où $c \in \mathbb{N}$ en exploitant les propriétés du développement du déterminant de Vandermonde sur les monômes. Chaque étape de cette partie peut être interprétée en termes d'hyperdéterminants ([LT04]). Ensuite, il étend analytiquement le résultat à $c \in \mathbb{C}$ grâce au théorème de Carlson ([Car14] ; voir aussi 13.1) que nous retrouverons plus loin (voir aussi [Meh67]).

L'intégrale de Selberg et ses généralisations apparaissent sous différentes formes dans un nombre important de domaines. L'une des formes notables fait intervenir les polynômes de Jack qui sont un des outils que nous utiliserons par la suite : les polynômes $P_\lambda^{\left(\frac{1}{c}\right)}$ (voir la section 2.2.2 pour leur définition) sont orthogonaux pour le produit scalaire

$$\langle f, g \rangle_c = \frac{1}{(2\pi)^n} \int_{[-\pi,\pi]^n} f(\exp^{i\theta})g(\exp^{i\theta}) \prod_{1 \leq i < j n} |\exp^{i\theta_i} - \exp^{i\theta_j}|^{2c} d\theta_i. \tag{34}$$

Il n'est en fait pas surprenant que ces problèmes fassent intervenir les polynômes de Jack et de Macdonald. En effet, ceux-ci sont étroitement liés aux représentations de l'algèbre de Hecke double affine. Or cette algèbre dégénère, par spécialisation des paramètres qui la caractérisent, en l'algèbre du groupe symétrique. Celle-ci apparaît fréquemment dans la modélisation de systèmes physiques parmi lesquels se trouve le système qui donne lieu à certains calculs de l'intégrale de Selberg.

2.1.3   Motivation physique des calculs

L'intérêt constant porté à l'intégrale de Selberg depuis ses premiers calculs s'explique par la signification qu'elle acquiert dans le cadre de la physique des systèmes chaotiques quantiques ([Meh67]).

Pour expliquer ce lien, considérons un système constitué de deux réservoirs d'électrons liés par deux canaux à une cavité dans laquelle les électrons peuvent entrer en collision. Le système étant considéré comme un système quantique, les électrons sont représentés par des fonctions d'onde. Le comportement de la cavité, quant à lui, est représenté par une matrice, appelée *matrice de dispersion*, notée S, de taille $2n \times 2n$ avec $n = n_1 + n_2$ (où n_1 et n_2 sont les nombres respectifs de canaux de transmission à gauche et à droite) agissant sur les fonctions d'onde : les fonctions d'onde des électrons sortant de la cavité sont obtenues par multiplication par cette matrice des fonctions d'onde des électrons entrants. La matrice S est en fait constituée de plusieurs parties qui représentent l'action de la cavité sur les électrons (réflexion ou transmission) en fonction de leur provenance (gauche ou droite). Ainsi, il est possible de "découper" S comme suit :

$$S = \begin{pmatrix} r & t' \\ t & r' \end{pmatrix} \qquad (35)$$

où les matrices t contiennent des coefficients de transmission et les matrices r des coefficients de réflexion.

L'une des approches de ces problèmes quantiques repose sur le constat suivant : il est possible de comprendre, avec une très bonne approximation, le comportement de S en utilisant une matrice aléatoire appartenant à l'un des ensembles circulaires de Dyson (voir [MPS87], [KSS09], [Bee97] ou [GMGW98]).

D'autre part, bon nombre de quantités mesurables expérimentalement sont aussi calculables grâce à des calculs sur les valeurs propres de la matrice $tt^\dagger$. Notons T_i ces valeurs propres. Du fait de l'appartenance de S à l'un des ensembles circulaires de Dyson, la densité de probabilité des T_i obéit à la loi suivante :

$$P(T_1, \ldots, T_n) = \frac{1}{\mathcal{N}} \prod_{i<j} |T_i - T_j|^\beta \prod_{i=1}^{n} T_{\alpha-1} \qquad (36)$$

avec $\alpha = \frac{\beta}{2}(|n_1 - n_2| + 1)$, où β caractérise l'ensemble auquel appartient S (choisi en fonction du système physique considéré) et où les valeurs propres T_i sont des variables aléatoires appartenant à $[0, 1]$. Cette modélisation fait donc apparaître un cas particulier de la mesure de Selberg.

Les statistiques linéaires sont des quantités de la forme

$$\sum_{i=1}^{n} f(T_i). \qquad (37)$$

Elles sont appelées linéaires dans le sens où elles ne font pas apparaître de produit de deux valeurs propres différentes. Dans le cadre de cette approche, le calcul de la moyenne

$$\int_{[0,1]^n} \sum_{i=1}^{n} f(T_i) P(T_1, \ldots, T_n) \prod_{i=1}^{n} dT_i \qquad (38)$$

de ces statistiques par rapport à la distribution de probabilité nous ramène au calcul de certaines intégrales de type Selberg. De plus, le calcul de l'intégrale de Selberg de fonctions non linéaires (au sens précédent) peut donner accès à certaines statistiques non linéaires sur les systèmes physiques intéressants.

2.2   Outils et Notations

Dans cette section, nous rappelons quelques définitions et propriétés des fonctions symétriques que nous utiliserons plus loin, liées, en particulier, aux bases de Jack et de Macdonald.

2.2.1   Fonctions symétriques, Noyau de Cauchy, λ-anneau

L'algèbre des fonctions symétriques possède une structure de λ-anneau (voir, par exemple, [Las03]). Soit $\mathbb{X}$ un alphabet. Notons $\sigma_z(\mathbb{X})$ la fonction de Cauchy, série génératrice des fonctions complètes S_i sur $\mathbb{X}$:

$$\sigma_z(\mathbb{X}) = \sum_i S_i(\mathbb{X})z^i = \prod_{x \in \mathbb{X}} \frac{1}{1 - xz}. \tag{39}$$

La somme $\mathbb{X} + \mathbb{Y}$ de deux alphabets $\mathbb{X}$ et $\mathbb{Y}$ est définie par la relation

$$\sigma_z(\mathbb{X} + \mathbb{Y}) = \sigma_z(\mathbb{X})\sigma_z(\mathbb{Y}) = \sum_i S_i(\mathbb{X} + \mathbb{Y}). \tag{40}$$

Le produit de $\mathbb{X}$ par une constante u est défini par

$$\sigma_z(u\mathbb{X}) = \sigma_z^u(\mathbb{X}). \tag{41}$$

Nous avons donc la relation $\sigma_z(-\mathbb{X}) = \sigma_z(\mathbb{X})^{-1}$ qui permet de faire apparaître des multiplicités dans les alphabets que nous considérons. Ainsi, la notion d'alphabet n'est pas restreinte à des ensembles de variables, mais peut être étendue à des séries. Nous utiliserons, par exemple, l'alphabet $\dfrac{1-u}{1-t}$ que nous considérerons comme la différence des alphabets $1+t+\cdots+t^n+\ldots$ et $u+tu+\cdots+t^n u+\ldots$. En termes d'opérations sur les fonctions symétriques, cela revient à considérer l'application qui fait correspondre $\dfrac{1-u^n}{1-t^n}$ à la somme de puissances p_n.
Enfin, le produit de deux alphabets est défini sur les fonctions complètes :

$$\sigma_1(\mathbb{X}\mathbb{Y}) = \sum_i S_i(\mathbb{X}\mathbb{Y}) = \prod_{x \in \mathbb{X}} \prod_{y \in \mathbb{Y}} \frac{1}{1 - xy}. \tag{42}$$

En fait, la fonction $\sigma_1(\mathbb{X}\mathbb{Y})$ est le *noyau de Cauchy* et nous la noterons $K(\mathbb{X}, \mathbb{Y})$. C'est le *noyau reproducteur* auquel on associe le produit scalaire $\langle \cdot, \cdot \rangle$ sur l'espace des fonctions symétriques, défini par

$$\langle S_\lambda, S_\mu \rangle = \delta_{\lambda\mu} \tag{43}$$

où S_λ désigne la fonction de Schur indexée par la partition λ.

Il possède la propriété suivante : si A_λ et B_λ sont deux bases en dualité (c'est-à-dire telles que $\langle A_\lambda, B_\delta \rangle = \delta_{\lambda\delta}$), nous avons l'égalité suivante :

$$K(\mathbb{X}, \mathbb{Y}) = \sigma_1(\mathbb{X}\mathbb{Y}) = \sum_\lambda A_\lambda(\mathbb{X}) B_\lambda(\mathbb{Y}). \tag{44}$$

2.2.2 Bases de l'espace des fonctions symétriques

Certaines bases de polynômes symétriques nous intéressent plus particulièrement : les fonctions de Schur, les polynômes de Jack et ceux de Macdonald. Depuis le début du vingtième siècle et les travaux de I. Schur, les fonctions de Schur (introduites par Jacobi) sont associées à la théorie des représentations des groupes symétrique $\mathfrak{S}_n$ et $GL_n(\mathbb{C})$.

À la fin des années 1970, Henry Jack [Jac70] découvrit une généralisation des fonctions de Schur dépendant d'un paramètre α. En fonction des valeurs de ce paramètre, différentes familles de polynômes apparaissaient : pour $\alpha = 1$, les fonctions de Schur ; pour $\alpha = 2$, une famille dont Jack conjectura que c'étaient les polynômes zonaux. Les polynômes de Jack sont en fait la famille de polynômes qui *interpole* les familles précédentes. Beaucoup de résultats connus pour certaines spécialisations du paramètre ont été généralisés aux polynômes de Jack.

Par ailleurs, P. Hall et D. E. Littlewood avaient découvert une autre généralisation à un paramètre des fonctions de Schur (voir [Hal59] et [Lit61]), polynômes maintenant appelés de Hall-Littlewood. Plus tard, des travaux de Green et Macdonald ([Gre55], [Mac73]) ont montré qu'ils jouent un rôle important dans la théorie des représentations des groupes $GL_n(F_p)$ où F_p est un corps fini ou p-adique.

Afin d'unifier ces différentes généralisations, Ian G. Macdonald introduisit en 1988 ([Mac88]) les polynômes qui portent maintenant son nom. Ces fonctions dépendent de deux paramètres et interpolent les différentes familles mentionnées ci-dessus. Ils interviennent dans la théorie des représentations de l'algèbre de Hecke double affine comme nous le présentons rapidement dans la remarque suivante.

Remarque 2.1 *Pour une présentation complète, voir, par exemple, [Las01]. Nous adoptons ici celle qui figure dans [DL12].*
Soit t_1, t_2 et q des paramètres. Définissons, sur $\mathbb{C}(t_1, t_2, q)[x_1, \ldots, x_N]$ les opérateurs ∂_i, $1 \le i \le N-1$ et τ_i, $1 \le i \le N$. Les différences divisées sont définies comme suit : si s_i désigne la transposition $(i, i+1)$, qui peut être considérée comme un opérateur agissant

sur $f(x_1, \ldots, x_N)$ par transposition des variables x_i et x_{i+1}, $1 \leq i \leq n - 1$,

$$\partial_i = (1 - s_i) \frac{1}{x_i - x_{i+1}}. \tag{45}$$

L'action de τ_i est donnée par :

$$f(x_1, \ldots, x_N)\tau_i = f(x_1, \ldots, x_{i-1}, qx_i, x_{i+1}, \ldots, x_N). \tag{46}$$

Avec
ces définitions, formons des opérateurs T_i et w agissant sur $\mathbb{C}(t_1, t_2, q)[x_1, \ldots, x_N]$:

$$T_i = \bar{\pi}_i(t_1 + t_2) - t_2 s_i \; ; \tag{47a}$$

$$w = \tau_1 s_1 \ldots s_{N-1}. \tag{47b}$$

Les T_i et w vérifient les relations suivantes :

$$(T_i + t_1)(T_i + t_2) = 0 \; ; \tag{48a}$$

$$T_i T_{i+1} T_i = T_{i+1} T_i T_{i+1} \; ; \tag{48b}$$

$$T_i T_j = T_j T_i \text{ for } |i - j| > 1 \; ; \tag{48c}$$

$$T_i w = w T_{i-1}. \tag{48d}$$

En fait, il est possible de choisir la spécialisation suivante des paramètres : $t_1 = 1$ et $t_2 = -s$ (en divisant T_i par t_1, on obtient, en effet, $\frac{1}{t_1} T_i^{t_1, t_2, q} = T_i^{1, \frac{t_2}{t_1}, q}$), choix que nous effectuons dans la suite (le signe pour t_2 est utilisé pour simplifier les expressions). Par conséquent, $T_i = \bar{\pi}_i(1 + t_2) + s s_i$ et la relation (48a) devient $(T_i + 1)(T_i - s) = 0$.

Définissons alors l'algèbre de Hecke affine double comme l'algèbre

$$\mathcal{H}_N(q, s) = \mathbb{C}(s, q)\left[T_1, \ldots, T_{N-1}, W^{\pm 1}, x_1^{\pm 1}, \ldots, x_N^{\pm 1}\right] \tag{49}$$

où x_i désigne l'opérateur de multiplication par x_i.
Cette algèbre admet une sous-algèbre commutative maximale, générée par les éléments de Cherednik ξ_i. Ceux-ci sont donnés par :

$$\xi_i = s^{i-N} T_{i-1}^{-1} \ldots T_1^{-1} w T_{N-1} \ldots T_i. \tag{50}$$

Il est possible de montrer que ces opérateurs sont simultanément diagonalisables. Les vecteurs propres que l'on obtient alors sont les polynômes de Macdonald non symétriques. Les polynômes de MacDonald symétriques sont issus de ces derniers par symétrisation et sont des fonctions propres des fonctions symétriques en les opérateurs de Cherednik.

Polynômes de Jack Pour définir les polynômes de Jack , nous procédons à une déformation du produit scalaire usuel et définissons un nouveau produit scalaire $\langle \cdot, \cdot \rangle_{\frac{1}{c}}$ dépendant d'un paramètre formel c sur les sommes de puissances p_λ :

$$\langle p_\lambda, p_\mu \rangle_{\frac{1}{c}} = z_\lambda \left(\frac{1}{c} \right)^{l(\lambda)} \delta_{\lambda \mu} \tag{51}$$

pour deux partitions λ et μ, avec

$$z_\lambda = \prod_{i \geq 1} i^{n_i(\lambda)} n_i(\lambda)! \tag{52}$$

($n_i(\lambda)$ est le nombre d'occurrences de i dans la partition λ) et

$$p_\mu = \prod_{i=1}^{\ell(\mu)} p_{\mu_i}. \tag{53}$$

Notons que la relation (51) définit bien un produit scalaire pour $c \in \mathbb{R} \backslash \{0\}$ puisque, dans ce cas, $z_\lambda \left(\frac{1}{c} \right)^{l(\lambda)}$ est bien défini et positif.

Les polynômes de Jack $P_\lambda^{\left(\frac{1}{c} \right)}$ sont alors définis comme l'unique famille de fonctions symétriques orthogonales par rapport à $\langle, \rangle_{\frac{1}{c}}$ et se décomposant comme suit sur la base des fonctions monomiales m_λ :

$$P_\lambda^{\left(\frac{1}{c} \right)} = m_\lambda(\mathbb{X}) + \sum_{\mu \leq \lambda} v_{\mu, \lambda} m_\lambda(\mathbb{X}). \tag{54}$$

Les polynômes $P_\lambda^{\left(\frac{1}{c} \right)}$ de degré n peuvent être obtenus par orthogonalisation de Gram-Schmidt de la base des fonctions de Schur s_λ de degré n par rapport au produit scalaire déformé, en commençant par la partition 1^n. Leur noyau reproducteur est donné par

$$K(\mathbb{X}, \mathbb{Y}) = \sigma_1 \left(\frac{1}{c} \mathbb{X} \mathbb{Y} \right) = \prod_{x, y \in \mathbb{X} \times \mathbb{Y}} \left(\frac{1}{1 - xy} \right)^{\frac{1}{c}}. \tag{55}$$

Polynômes de MacDonald Les polynômes de Macdonald sont une généralisation des polynômes de Jack. Ils sont obtenus de la même manière, c'est-à-dire en tant que seule famille de fonctions symétriques orthogonales par rapport à une déformation du produit scalaire et possédant une certaine propriété de décomposition sur les fonctions monomiales. Plus précisément, les polynômes de Macdonald $P_\lambda(q, t)$ dépendent de deux paramètres et sont orthogonaux par rapport à la déformation $\langle \cdot, \cdot \rangle_{q,t}$ à deux paramètres du produit scalaire usuel :

$$\langle p_\lambda, p_\mu \rangle_{q,t} = z_\lambda \prod_{i=1}^{\ell(\lambda)} \frac{1-q^{\lambda_i}}{1-t^{\lambda_i}} \delta_{\lambda\mu}. \tag{56}$$

Ils vérifient aussi

$$P_\lambda(q,t) = m_\lambda(\mathbb{X}) + \sum_{\mu \leq \lambda} v_{\mu,\lambda} m_\lambda(\mathbb{X}). \tag{57}$$

Remarque 2.2 *Notons que $\langle \cdot, \cdot \rangle_{q,t}$ est bien défini et positif lorsque $q, t \in [0,1]$.*

La correspondance entre $P_\lambda(q,t)$ et $P_\lambda^{\left(\frac{1}{c}\right)}$ est obtenue en deux étapes :
- substitution de $t^{\frac{1}{c}}$ à q ;
- calcul de la limite $t \to 1$.

D'autres spécialisations donnent les résultats suivants :
- $P_\lambda(q,q) = s_\lambda$ (où s désigne les fonctions de Schur) ;
- $P_\lambda(q,1) = m_\lambda$ (où m désigne les fonctions monomiales) ;
- $P_\lambda(1,t) = e_{\lambda'}$ (où e désigne les fonctions symétriques élémentaires et λ' la partition conjuguée de λ, c'est-à-dire la partition dont la part λ'_k indique le nombre de parts de λ supérieures ou égales à k ; cela revient à lire *par colonnes* une partition représentée par en diagramme *en lignes* ; voir l'exemple ci-dessous).

Exemple 2.3

$$\text{Si } \lambda = (4,3,2), \text{ alors son diagramme est}$$ 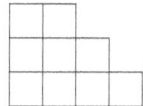 ,

et

$$\lambda' = (3,3,2,1) \text{dont le diagramme est}$$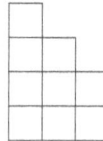

Beaucoup de résultats obtenus pour les polynômes de Jack peuvent être étendus aux polynômes de Macdonald.

Par définition, les polynômes de Macdonald sont proportionnels à leur base duale (voir (56)). La base duale est notée $Q_\lambda(q,t)$ et le noyau reproducteur associé à $\langle,\rangle_{q,t}$ est donné par

$$K_{q,t}(\mathbb{X}, \mathbb{Y}) = \sigma_1 \left(\mathbb{X}\mathbb{Y} \frac{1-q}{1-t} \right). \tag{58}$$

3 Un exemple de calcul : calcul exact de l'intégrale de Selberg par décomposition sur les Jack

Dans cette section, qui reprend les éléments présentés dans [Den10], nous présentons le calcul de l'intégral de Selberg normalisée pour les fonctions symétriques dans le cas général (c'est-à-dire pour c quelconque). Nous noterons

$$\langle f \rangle^\sharp_{a,b,c,N} := \frac{\langle f \rangle^N_{a,b,c}}{\langle 1 \rangle^N_{a,b,c}}. \tag{59}$$

3.1 Calcul de l'intégrale de Selberg-Jack

Nous commençons par nous intéresser à l'intégrale $\langle P_\lambda \rangle^\sharp_{a,b,c,N}$. Le calcul de l'intégrale de Selberg-Jack est connu et dû à Kaneko (voir [Kad97], [Kan93], [Mac95]). Pour tout $c \in \mathbb{C}$,

$$\langle P_\lambda^{\left(\frac{1}{c}\right)} \rangle^N_{a,b,c} =$$
$$\prod_{i<j} \frac{\Gamma\left(\lambda_i - \lambda_j + c(j-i+1)\right)}{\Gamma\left(\lambda_i - \lambda_j + c(j-i)\right)} \prod_{i=1}^N \frac{\Gamma\left(\lambda_i + a + c(N-i)\right)\Gamma\left(b + c(N-i)\right)}{\Gamma\left(\lambda_i + a + b + c(2N-i-1)\right)}. \tag{60}$$

En utilisant la propriété suivante de la fonction Γ,

$$\Gamma(z+n) = \prod_{i=0}^{n-1}(z+i)\Gamma(z), \ \forall n \in \mathbb{N}, \tag{61}$$

nous procédons à une simplification de $\langle P_\lambda \rangle^\sharp_{a,b,c,N}$ dans le but de l'écrire comme un produit dont le nombre de facteurs ne dépend pas de N, de sorte que le calcul de l'asymptotique de l'intégrale de Selberg soit possible.

Lemme 3.1 *[Den10] Pour tout $c \in \mathbb{C}$,*

$$\langle P_\lambda^{\left(\frac{1}{c}\right)} \rangle^\sharp_{a,b,c,N} = \left[\prod_{i=1}^{\ell(\lambda)} \prod_{j=i+1}^{\ell(\lambda)} \frac{\Gamma\left(\lambda_i - \lambda_j + c(j-i+1)\right)\Gamma\left(c(j-i)\right)}{\Gamma\left(\lambda_i - \lambda_j + c(j-i)\right)\Gamma\left(c(j-i)+1\right)} \right]$$
$$\left[\prod_{i=1}^{\ell(\lambda)} \prod_{u=0}^{\lambda_i-1} \frac{c(N+1-i)+u}{c(\ell(\lambda)+1-i)+u} \right] \left[\prod_{i=1}^{\ell(\lambda)} \prod_{j=0}^{\lambda_i-1} \frac{a+c(N-i)+j}{a+b+c(2N-i-1)+j} \right]. \tag{62}$$

Note 3.2 *Un calcul simple permet de vérifier que cette expression est en accord avec avec l'équation (4) de [CDLV10].*

Preuve : La première étape consiste à décomposer en trois parties le premier facteur de $\langle P_\lambda^{(\frac{1}{c})}\rangle_{a,b,c,N}^{\sharp} = \dfrac{\langle P_\lambda^{(\frac{1}{c})}\rangle_{a,b,c}^{N}}{\langle 1\rangle_{a,b,c}^{N}}$ calculé grâce à (60) : $\displaystyle\prod_{i=1}^{\ell(\lambda)}\prod_{j=i+1}^{\ell(\lambda)},\prod_{i=1}^{\ell(\lambda)}\prod_{j=\ell(\lambda)+1}^{N}$ et $\displaystyle\prod_{i=\ell(\lambda)+1}^{N}\prod_{j=i+1}^{N}$.
La première partie est le premier facteur de (62). La dernière ne dépend pas de λ, apparaît de manière identique au numérateur et au dénominateur et se simplifie donc dans l'intégrale normalisée.

Reste la seconde partie,

$$W := \prod_{i=1}^{\ell(\lambda)}\prod_{j=\ell(\lambda)+1}^{N}\frac{\Gamma\Big(\lambda_i - \lambda_j + c(j-i+1)\Big)\Gamma\Big(c(j-i)\Big)}{\Gamma\Big(\lambda_i - \lambda_j + c(j-i)\Big)\Gamma\Big(c(j-i)+1\Big)}. \tag{63}$$

Supposons, dans un premier temps, que $c \in \mathbb{N}$. Nous pouvons alors appliquer (61) à W, ce qui aboutit à :

$$W := \prod_{t=0}^{c-1}\prod_{i=1}^{\ell(\lambda)}\prod_{j=\ell(\lambda)+1}^{N}\frac{\lambda_i + c(j-i)+t}{c(j-i)+t}. \tag{64}$$

Cette quantité vérifie

$$W = \prod_{i=1}^{\ell(\lambda)}\prod_{t=0}^{\lambda_i-1}\frac{c(N+1-i)+t}{c(\ell(\lambda)+1-i)+t}. \tag{65}$$

Nous prouvons cette relation par décalage de la variable t dans le numérateur : posons $t' = t + \lambda_i$. Alors

$$W = \prod_{i=1}^{\ell(\lambda)}\frac{\displaystyle\prod_{t=\lambda_i}^{\lambda_i+c-1}\prod_{j=\ell(\lambda)+1}^{N}(t+c(j-i))}{\displaystyle\prod_{t=0}^{c-1}\prod_{j=\ell(\lambda)+1}^{N}(t+c(j-i))}.$$

Si $\lambda_i > c-1$, nous pouvons multiplier le numérateur et le dénominateur par les facteurs obtenus pour $c \leq t \leq \lambda_i$:

$$W = \prod_{i=1}^{\ell(\lambda)}\prod_{j=\ell(\lambda)+1}^{N}\frac{\displaystyle\prod_{t=\lambda_i}^{\lambda_i+c-1}(c(j-i)+t)\prod_{t=c}^{\lambda_i-1}(c(j-i)+t)}{\displaystyle\prod_{t=0}^{c-1}(c(j-i)+t)\prod_{t=c}^{\lambda_i-1}(c(j-i)+t)}. \tag{66}$$

Si $\lambda_i \leq c - 1$, la décomposition de W suivant cette équation est encore valable. Dans les deux cas, nous trouvons que

$$W = \prod_{i=1}^{\ell(\lambda)} \frac{\displaystyle\prod_{t=c}^{c+\lambda_i-1} \prod_{j=\ell(\lambda)+1}^{N} (t + c(j - i))}{\displaystyle\prod_{t=0}^{\lambda_i-1} \prod_{j=\ell(\lambda)+1}^{N} (t + c(j - i))}$$

$$= \prod_{i=1}^{\ell(\lambda)} \frac{\displaystyle\prod_{t=0}^{\lambda_i-1} \prod_{j=\ell(\lambda)+1}^{N} (t + c(j - i + 1))}{\displaystyle\prod_{t=0}^{\lambda_i-1} \prod_{j=\ell(\lambda)+1}^{N} (t + c(j - i))}$$

grâce au décalage $t = t' + c$. Un dernier décalage de j donne l'égalité suivante :

$$W = \prod_{i=1}^{\ell(\lambda)} \frac{\displaystyle\prod_{t=0}^{\lambda_i-1} \prod_{j=\ell(\lambda)+2}^{N+1} (t + c(j - i))}{\displaystyle\prod_{t=0}^{\lambda_i-1} \prod_{j=\ell(\lambda)+1}^{N} (t + c(j - i))}. \tag{67}$$

Les termes qui diffèrent entre le numérateur et le dénominateur sont obtenus pour $j = \ell(\lambda) + 1$ et $N + 1$. Après simplification, nous obtenons la relation (65).

Par conséquent, $\displaystyle\prod_{i=1}^{\ell(\lambda)} \prod_{j=\ell(\lambda)+1}^{N} \frac{\Gamma\Big(\lambda_i - \lambda_j + c(j - i + 1)\Big)}{\Gamma\Big(\lambda_i - \lambda_j + c(j - i)\Big)}$ et $\displaystyle\prod_{i=1}^{\ell(\lambda)} \prod_{u=0}^{\lambda_i-1} \frac{c(N + 1 - i) + u}{c(\ell(\lambda) + 1 - i) + u}$

coïncident sur les entiers naturels. La différence de ces deux quantités est une fonction qui satisfait les hypothèses de l'extension du théorème de Carlson (présenté en 13.1) et s'annule sur tous les entiers naturels. Elle est donc nulle sur $\mathbb{C}$, d'où le résultat. La simplification que nous venons d'effectuer est donc valable pour tout $c \in \mathbb{C}$.

Il est facile de voir (grâce à (61)) que le second facteur de (60) donne, dans l'intégrale normalisée, le troisième facteur de (62). $\qquad\square$

3.2 Calcul de l'intégrale pour une fonction symétrique quelconque

Le calcul de l'intégrale pour d'autres polynômes multivariés que les polynômes de Jack repose sur deux constats :

– les polynômes de Jack forment une base de l'espace des fonctions symétriques ;

– si f est un polynôme multivarié quelconque, nous notons $\mathfrak{S}f$ la fonction symétrique associée à f.

$$\mathfrak{S}f = \frac{1}{N!} \sum_{\sigma \in \mathfrak{S}_N} \sigma f = \frac{1}{N!} \sum_{\sigma \in \mathfrak{S}_N} f(x_{\sigma(1)}, \ldots, x_{\sigma(N)}). \tag{68}$$

Puisque le domaine d'intégration de $\langle f \rangle_{a,b,c,N}^{\sharp}$ est un hypercube, l'intégrale de f est égale à l'intégrale de $\mathfrak{S}f$.

Le calcul de l'intégrale $\langle f \rangle_{a,b,c,N}^{\sharp}$ suit donc les étapes suivantes :

1. Décomposition de $\mathfrak{S}f$ sur les polynômes de Jack $P_{\lambda}^{\left(\frac{1}{c}\right)}$;

2. Remplacement de $P_{\lambda}^{\left(\frac{1}{c}\right)}$ par $\langle P_{\lambda}^{\left(\frac{1}{c}\right)} \rangle_{a,b,c,N}^{\sharp}$ lui-même calculé via (62).

3.3   Application : cas des sommes de puissances

L'algorithme précédent s'applique, entre autres, lorsque f est une fonction symétrique. Nous l'illustrons sur les sommes de puissances $p_k(x_1, \ldots, x_N) = \sum_{j=1}^{N} x_j^k$. Désignons par I_k l'intégrale

$$I_k = \langle p_k \rangle_{a,b,c,N}^{\sharp}. \tag{69}$$

L'étape cruciale consiste à exprimer les coefficients du développement des sommes de puissances dans la base des polynômes de Jack $P_{\lambda}^{\left(\frac{1}{c}\right)}$. En fait, nous commençons par exprimer le coefficient du polynôme de Macdonald $P_{\lambda}(q, t)$ dans la somme de puissances p_k et nous appliquons ensuite la spécialisation décrite dans la section 2.2.2.

Notations : Nous adoptons les notations suivantes (cf [Mac95]) : si s est une case de la partition λ,

– $a_{\lambda}(s)$ désigne la longueur du *bras* contenant s (si $s = (i, j)$, $a_{\lambda}(s) = \lambda_i - j$) ;

– $l_{\lambda}(s)$ désigne la longueur de la *jambe* contenant s (si $s = (i, j)$, $l_{\lambda}(s) = \lambda_j' - i$),

où λ' désigne la partition conjuguée de λ.

Par exemple,

$$\text{Si } \lambda = \quad , \text{ alors } \lambda' = \quad \text{ et } \begin{cases} a_{\lambda}(s = (3, 2)) = 2 - 2 = 0, \\ l_{\lambda}(s) \qquad = 2 - 2 = 0. \end{cases} \tag{70}$$

Avec les notations précédentes, nous pouvons établir la proposition suivante :

Proposition 3.3 *Le coefficient de $P_{\lambda}(q, t)$ dans le développement de p_k sur la base des* *polynômes de Jack s'exprime comme*

$$(1-q^k)\frac{\displaystyle\prod_{\substack{(i,j)\in\lambda\\(i,j)\neq(1,1)}}\left(t^{i-1}-q^{j-1}\right)}{\displaystyle\prod_{s\in\lambda}\left(1-q^{a_\lambda(s)+1}t^{l_\lambda(s)}\right)}. \tag{71}$$

Preuve : Le coefficient de $P_\lambda(\mathbb{X};q,t)$ dans $p_k(\mathbb{X})$ est égal au coefficient de $c_k^{q,t}(\mathbb{X})$ dans $Q_\lambda(\mathbb{X};q,t)$ où $c_\mu^{q,t}=z_\mu(q,t)^{-1}p_\mu(\mathbb{X})$ désigne la base duale de (p_μ) pour le produit scalaire déformé $\langle\,,\,\rangle_{q,t}$ (voir (56)) avec

$$z_\lambda(q,t)=z_\lambda\prod_{i=1}^{\ell(\lambda)}\frac{1-q^{\lambda_i}}{1-t^{\lambda_i}}. \tag{72}$$

Si nous notons $\beta_{\lambda,\mu}^{q,t}$ le coefficient de p_μ dans $Q_\lambda(\mathbb{X};q,t)$, l'interprétation de l'alphabet $\dfrac{1-u}{1-t}$ en termes d'opérations sur les fonctions symétriques (voir 2.2.1) implique que

$$Q_\lambda\left(\frac{1-u}{1-t};q,t\right)=\sum\beta_{\lambda,\mu}^{q,t}\prod_{i=1}^{\ell(\mu)}\frac{1-u^{\mu_i}}{1-t^{\mu_i}}. \tag{73}$$

En divisant les deux membres de cette égalité par $\dfrac{1}{1-u}$, nous obtenons

$$\frac{1}{1-u}Q_\lambda\left(\frac{1-u}{1-t};q,t\right)=\sum_{\mu\leq\lambda}\beta_{\lambda,\mu}^{q,t}\frac{1-u^{\mu_1}}{(1-t^{\mu_1})(1-u)}\prod_{i=2}^{\ell(\mu)}\frac{1-u^{\mu_i}}{1-t^{\mu_i}}.$$

Le seul terme qui ne s'annule pas pour $u=1$ est donné par $\dfrac{1-u^{\mu_1}}{(1-t^{\mu_1})(1-u)}$ en raison du pôle en ce point. Si nous prenons la limite $u\to 1$, les seules partitions qui ne donnent pas un résultat nul n'ont qu'une part : $\mu=|\lambda|=k$. Puisque

$$\lim_{u\to 1}\frac{1-u^k}{1-u}=k,$$

nous obtenons la relation suivante :

$$\frac{k}{1-t^k}\beta_{\lambda,k}^{q,t}=\lim_{u\to 1}\frac{1}{1-u}Q_\lambda\left(\frac{1-u}{1-t};q,t\right).$$

Mais la valeur de $Q_\lambda\left(\dfrac{1-u}{1-t};q,t\right)$ est connue et peut être exprimée, par exemple, à partir des formules (8.3) p352 et (8.8) p 354 de [Mac95] :

$$Q_\lambda \left(\frac{1-u}{1-t}; q, t \right) = \frac{\displaystyle\prod_{(i,j)\in\lambda} (t^{i-1} - q^{j-1}u)}{\displaystyle\prod_{s\in\lambda} (1 - q^{a_\lambda(s)+1} t^{l_\lambda(s)})}.$$

Ainsi,

$$\beta_{\lambda,k}^{q,t} = \frac{1-t^k}{k} \frac{\displaystyle\prod_{\substack{(i,j)\in\lambda \\ (i,j)\neq(1,1)}} (t^{i-1} - q^{j-1})}{\displaystyle\prod_{s\in\lambda} (1 - q^{a_\lambda(s)+1} t^{l_\lambda(s)})}, \tag{74}$$

et le coefficient de $P_\lambda(\mathbb{X}; q, t)$ dans $p_k(\mathbb{X})$ vaut

$$z_k(q,t)\beta_{\lambda,k}^{q,t} = k\frac{1-q^k}{1-t^k}\frac{1-t^k}{k}\frac{\displaystyle\prod_{\substack{(i,j)\in\lambda \\ (i,j)\neq(1,1)}} (t^{i-1} - q^{j-1})}{\displaystyle\prod_{s\in\lambda} (1 - q^{a_\lambda(s)+1} t^{l_\lambda(s)})}$$

$$= (1-q^k)\frac{\displaystyle\prod_{\substack{(i,j)\in\lambda \\ (i,j)\neq(1,1)}} (t^{i-1} - q^{j-1})}{\displaystyle\prod_{s\in\lambda} (1 - q^{a_\lambda(s)+1} t^{l_\lambda(s)})}. \tag{75}$$

$\square$

Utilisant la spécialisation décrite précédemment, nous obtenons le résultat suivant.

Corollaire 3.4 *[Den10] Le coefficient de $P_\lambda^{(c)}$ dans p_k est égal à*

$$\alpha_{\lambda,k} = k\frac{\displaystyle\prod_{\substack{(i,j)\in\lambda \\ (i,j)\neq(1,1)}} \left((j-1) - c(i-1) \right)}{\displaystyle\prod_{s\in\lambda} \left(a_\lambda(s) + 1 + l_\lambda(s)c \right)}. \tag{76}$$

Remarque 3.5 *Il est important de noter que la valeur de ce coefficient ne dépend pas du nombre de variables sur lesquelles sont évaluées les sommes de puissances. C'est une condition importante dans la caractérisation du comportement asymptotique de l'intégrale.*

Ainsi, grâce aux résultats précédents et au lemme 3.1,

Proposition 3.6 *[Den10] Chacun des termes de la somme*

$$\langle p_k \rangle^\sharp_{a,b,c,N} = k \sum_{\lambda \vdash k} \frac{\prod_{\substack{(i,j)\in\lambda \\ (i,j)\neq(1,1)}} \Big((j-1)-c(i-1)\Big)}{\prod_{s\in\lambda}\Big(a_\lambda(s)+1+l_\lambda(s)c\Big)} \langle P_\lambda^{\left(\frac{1}{c}\right)} \rangle^\sharp_{a,b,c,N}. \qquad (77)$$

possède un nombre de facteurs indépendant de N.

3.4 Programmation

Nous présentons ici trois fonctions écrites en Maple, permettant le calcul de l'intégrale

$$I_k = \langle p_k \rangle^\sharp_{a,b,c,N} \qquad (78)$$

où p_k désigne la $k$ième somme de puissances $\Big(p_k(x_1,\dots,x_N) = \sum_{j=1}^{N} x_j^k\Big)$.

Grâce aux résultats précédents, elles sont indépendantes : elles ne font appel à aucune autre librairie, bien que mettant en jeu un changement de base dans l'espace des fonctions symétriques. Les programmes sont disponibles à l'adresse suivante :

```
http://www-lipn.univ-paris13.fr/~deneufchatel/These/IntegraleSelberg
```

La première fonction, `devp` donne le coefficient de $P_l^{(c)}$ dans la somme de puissances p_k où k et l dénotent respectivement le premier et le second argument de la fonction. Le dernier argument est le paramètre c.

La fonction `IntP`, calcule l'intégrale de Selberg-Jack d'après la formule (62) pour le polynôme de Jack indexé par le premier argument (les partitions sont représentées par des listes). Les quatre autres arguments sont les paramètres a, b, c et N de l'intégrale.

Enfin, `Intp` calcule l'intégrale I_k en utilisant les deux fonctions précédentes.

Donnons un exemple d'utilisation de la fonction `devp`. Pour cela, considérons le développement de p_4 dans les polynômes de Jack $P_\lambda^{\left(\frac{1}{c}\right)}$. Nous pouvons obtenir un tel développement en utilisant, par exemple, le package **Symmetric Functions** écrit par John Stembridge et disponible à l'adresse suivante :

```
http://www.math.lsa.umich.edu/~jrs/maple.html#SF
```

(ou avec ACE, package disponible à l'adresse

http://phalanstere.univ-mlv.fr/~ace/).

Avec les fonctions intégrées du package **Symmetric Functions**, ce développement est donné par la commande

```
> toPc(p4);
```

une fois la base des polynômes $P_\lambda^{\left(\frac{1}{c}\right)}$, notés Pc, définie via la commande

```
> add_basis(Pc,mu->zee(mu,1/c),mu->1);
```

Nous obtenons

```
        3                              2
    24 c  Pc[1, 1, 1, 1]       4 c  Pc[2, 1, 1]    2 (c - 1) c Pc[2, 2]
- --------------------------- + ---------------- + --------------------
  (2 c + 1) (3 c + 1) (c + 1)          2           (c + 1) (c + 2)
                                   (c + 1)


    4 c Pc[3, 1]
- ------------- + Pc[4]
      3 + c
```

Avec la fonction **devp**, le développement est obtenu comme suit

```
> L:=Par(4):
> convert([seq(simplify(subs(c=1/c,devp(4,L[i]),c)))*Pc[op(L[i])]
,i=1..nops(L))],'+');
```

qui renvoie

```
        4 c Pc[3, 1]
Pc[4] - -------------
            3 + c
                                  2                        3
  2 c (c - 1) Pc[2, 2]     4 c  Pc[2, 1, 1]      24 c  Pc[1, 1, 1, 1]
+ -------------------- + ---------------- - ---------------------------
   (2 + c) (c + 1)               2          (3 c + 1) (2 c + 1) (c + 1)
                             (c + 1)
```

(`Par(4)` renvoie la liste des partitions de 4). La vérification de l'égalité de chaque coefficient se fait aisément.

C'est en procédant à des expérimentations numériques que l'existence de valeurs simples de la limite $\lim\limits_{N\to\infty} \dfrac{I_4}{N}$ est apparue. Le calcul de

```
seq(limit(Intp(k,a,b,c,n)/n,n=infinity),k=1..5);
```

c'est-à-dire de la valeur de la limite $\lim\limits_{N\to\infty} \dfrac{I_k}{N}$ pour $k \in \{1, \ldots, 5\}$, renvoie successivement

$$1/2, \ 3/8, \ 5/16, \ \frac{35}{128}, \ \frac{63}{256}.$$

Il est aisé d'identifier cette suite (par exemple grâce à [Slo]) : en effet, elle correspond à la suite $\dfrac{1}{2^{2k}}\dbinom{2k}{k}$ comme le confirment les valeurs ci-dessous :

```
> seq(1/(2^(2*k))*binomial(2*k,k),k=1..5);
```

renvoie

$$1/2, \ 3/8, \ 5/16, \ \frac{35}{128}, \ \frac{63}{256}.$$

Notons, en anticipant sur la section 4.16, que, puisque nous nous plaçons dans le cas où a et b ne dépendent pas de N, il n'est pas nécessaire de spécifier les valeurs de ces paramètres.

4   Calcul de l'asymptotique dans le cas $c = 1$

Dans cette dernière section, nous nous intéressons au calcul exact de la limite $N \to \infty$ de l'intégrale de Selberg pour les sommes de puissances dans le cas où $c = 1$. La démarche est la suivante : nous commençons par montrer, dans la section 4.1, comment donner une expression de I_k en utilisant la valeur de l'intégrale de Selberg. Afin de préciser le comportement de cette quantité lorsque $N \to \infty$, il faut à la fois préciser le comportement de cette expression par rapport à N - dans le but de connaître les conditions de convergence - et donner des informations sur le coefficient du terme dominant par rapport à N - afin de connaître la valeur de la limite dans le cas où l'intégrale converge.

Dans cette optique, nous introduisons (section 4.2) un nouvel outil, la transformation binomiale inverse que nous appliquons (section 4.3) à des produits de la forme de ceux qui apparaissent dans l'expression calculée grâce aux fonctions de Schur ; ensuite, nous nous intéressons au coefficient du terme dominant de ces produits (section 4.4) ; enfin, nous utilisons les différents résultats des sections précédentes pour montrer que la limite recherchée existe et calculer sa valeur (section 4.5).

4.1 Développement sur les fonctions de Schur

Dans le cas $c = 1$, l'utilisation des outils puissants liés aux polynômes de Macdonald et de Jack n'est pas nécessaire. En effet, il est possible d'utiliser deux résultats plus simples :

– d'une part, le fait que l'intégrale de Selberg pour les fonctions de Schur admet une expression simple : à partir de l'exercice 7 p385 de [Mac95], il est facile de montrer que

$$
\begin{aligned}
\frac{\langle s_\lambda(x_1, \ldots, x_N) \rangle_{a,b,N}}{\langle 1 \rangle_{a,b,N}} &= \prod_{i<j} \frac{\lambda_i - \lambda_j + j - i}{j - i} \times \\
&\times \prod_{i=1}^{N} \frac{\Gamma(\lambda_i + a + N - i)}{\Gamma(a + n - i)} \frac{\Gamma(a + b + 2N - i - 1)}{\Gamma(\lambda_i + a + b + 2N - i - 1)},
\end{aligned}
\tag{79}
$$

où nous omettons le paramètre c (dont la valeur est dorénavant fixée) et la dépendance en N (pour alléger l'écriture).

– d'autre part, le développement des sommes de puissances sur les fonctions de Schur s_λ, lequel ne fait intervenir que des *équerres* (partitions de la forme $[k\, 1^i]$, $k, i \in \mathbb{N}$) :

$$
p_k = \sum_{i=0}^{k-1} (-1)^i s_{[(k-i)1^i]}.
\tag{80}
$$

À première vue, le nombre de facteurs qui interviennent dans la valeur de l'intégrale $\dfrac{\langle s_\lambda(x_1, \ldots, x_N) \rangle_{a,b}}{\langle 1 \rangle_{a,b}}$ dépend de N, ce qui compliquerait le calcul de la limite $N \to \infty$. Cependant, la manipulation des facteurs permet de montrer que

$$
\begin{aligned}
&\frac{\langle s_\lambda(x_1, \ldots, x_N) \rangle_{a,b,N}}{\langle 1 \rangle_{a,b,N}} = \\
&\prod_{i=1}^{\ell(\lambda)} \left[\prod_{j=i+1}^{\ell(\lambda)} \frac{\lambda_i - \lambda_j + j - i}{j - i} \prod_{j=0}^{\lambda_i - 1} \frac{(j + N - i + 1)(a + N - i + j)}{(\ell(\lambda) + j - i + 1)(a + b + 2N - i + j - 1)} \right].
\end{aligned}
\tag{81}
$$

Ceci prouve que le nombre de facteurs est en réalité indépendant du nombre de variables.

En notant $I_k = \dfrac{\langle p_k \rangle_{a,b,N}}{\langle 1 \rangle_{a,b,N}}$, nous pouvons établir le résultat suivant :

Corollaire 4.1 *Pout tout $k > 0$,*

$$I_k = \frac{1}{k!} \sum_{i=0}^{k-1} (-1)^i \binom{k-1}{i} \prod_{j=-i}^{k-i-1} \frac{(N+j)(a+N+j-1)}{a+b+2N+j-2}. \tag{82}$$

C'est la forme de ce résultat qui nous pousse à introduire la *transformée binomiale inverse*.

4.2   Transformée binomiale inverse et interpolation de Newton

Nous introduisons l'outil principal nous permettant de caractériser le comportement asymptotique de I_k, la transformée binomiale inverse. Si $\mathbb{F} = (f_i(x))_i$ est une suite de polynômes, elle est définie par

$$\mathcal{B}_k^{-1}[\mathbb{F}] = \sum_{i=0}^{k} (-1)^{k-i} \binom{k}{i} f_i(x). \tag{83}$$

Cette transformation est étroitement liée à l'interpolation de Newton.

Proposition 4.2 *Soit $F(y) = \displaystyle\sum_{i=0}^{p} \alpha_i(x) y^i$ l'unique polynôme en y à coefficients dans $\mathbb{C}[x]$ de degré p (en y) interpolant les points $(0, f_0(x)), \ldots, (p, f_p(x))$. Alors*

$$\mathcal{B}_k^{-1}[\mathbb{F}] = k! \sum_{i=k}^{p} S_{i,k} \alpha_i(x), \tag{84}$$

où les $S_{i,k}$ sont les nombres de Stirling de deuxième espèce.

Preuve : Par linéarité, il suffit de prouver le résultat pour $F(y) = y^p$. Dans ce cas, remarquer que

$$\mathcal{B}_k^{-1}[\mathbb{F}] = \sum_{i=0}^{k} (-1)^{k-i} \binom{k}{i} i^p = k! S_{p,k}, \tag{85}$$

grâce à la célèbre formule

$$S_{p,k} = \frac{1}{k!} \sum_{i=0}^{k} (-1)^{k-i} \binom{k}{i} i^p. \tag{86}$$

$\square$

Considérons l'opérateur de différences divisées $\partial_{y_1 y_2}$ agissant à droite de toute expression f en $\{y_1, y_2\}$ comme suit

$$f \partial_{y_1 y_2} = \frac{f^{\sigma_{y_1 y_2}} - f}{y_2 - y_1} \qquad (87)$$

où $\sigma_{y_1 y_2}$ est l'opération de permutation de y_1 et y_2 dans f.

Remarque 4.3 *Notons que, en supposant $k \leq p$, le degré de $y_0^p \partial_{y_0 y_1} \ldots \partial_{y_{k-1} y_k}$ est égal à $p - k$. C'est pourquoi, si $g(x, y)$ est un polynôme de degré p en x et y, le degré de $\mathcal{B}_k^{-1} [(g(x, i))_i]$ est égal à $p - k$.*

Cet opérateur est le moyen de décrire l'interpolation de Newton. En effet, si $f(y)$ est une fonction d'une variable et $\{y_0, \ldots, y_k\}$ un ensemble de variables d'interpolation, nous avons

$$f(y) = f(y_0) + f(y_0) \partial_{y_0 y_1} (y - y_0) + \cdots + f(y_0) \partial_{y_0 y_1} \cdots \partial_{y_{k-1} y_k} (y - y_0) \cdots (y - y_{k-1}) + R(y)$$

avec $R(y_i) = 0$ pour tout $i = 0, \ldots, k$.

Notations : Nous noterons

$$f \partial_{m \ldots n} = f(y_m) \partial_{y_m y_{m+1}} \cdots \partial_{y_n y_{n+1}} |_{y_i = i}, \qquad (88)$$

pour toute paire d'entiers $m \leq n$, avec le cas particulier $f \partial_{m \ldots m} = f(m)$. De plus, $\partial_i := \partial_{i \ldots i+1}$.

Avec ces notations, le polynôme f de degré $n - m$ interpolant les points $(m, f(m)), \ldots, (n, f(n))$ devient

$$f(y) = \sum_{j=m}^{n} f \partial_{m \ldots j} (y - m) \ldots (y - (j - 1)). \qquad (89)$$

Les nombres de Stirling apparaissent lorsque l'on écrit y^p en termes de factorielles descendantes, $(y)_k := y(y - 1) \ldots (y - k + 1)$:

$$y^p = \sum_{k=0}^{p} S_{p,k} (y)_k. \qquad (90)$$

Cela signifie que les nombres de Stirling sont les coefficients de l'interpolation de Newton de y^p en $y = 0, \ldots, p$. Avec les notations que nous avons adoptées, nous obtenons

$$S_{p,k} = y^p \partial_{0 \ldots k+1}. \qquad (91)$$

Par linéarité, nous obtenons immédiatement le résultat suivant à partir de la proposition 4.2.

Corollaire 4.4 *Soit $k < p$ deux entiers. Soit F l'unique polynôme en y à coefficients dans $\mathbb{C}[x]$ de degré p (en y) interpolant les points $(0, f_0(x)), \ldots, (p, f_p(x))$. Alors*

$$\mathcal{B}_k^{-1}[\mathbb{F}] = k! F \partial_{0\ldots p}. \tag{92}$$

L'action de $\partial_{0\ldots k+1}$ sur y^p donne lieu à la récurrence suivante :

Proposition 4.5
$$y^p \partial_{0\ldots k+1} = (y+1)^{p-1} \partial_{0\ldots k} \tag{93}$$

Preuve : Puisque

$$y_0^p \partial_{y_0 y_1} \ldots \partial_{y_k y_{k+1}} = \sum_{i=0}^{p-1} y_1^{p-i-1} \partial_{y_1 y_2} \ldots \partial_{y_k y_{k+1}} y_0^i, \tag{94}$$

l'évaluation donne

$$y^p \partial_{0\ldots k+1} = y^{p-1} \partial_{1\ldots k+1}. \tag{95}$$

Pour conclure la preuve, notons que les coefficients de l'interpolation de Newton de n'importe quel $f(y)$ en $y = 1, \ldots, k+1$ sont, respectivement, égaux aux coefficients de l'interpolation de Newton de $f(y+1)$ à $y = 0, \ldots, k$. $\square$

4.3   Un exemple de transformée binomiale inverse généralisée

Considérons les polynômes

$$P_i^k(x; a, b) := \prod_{j=0}^{k-i-1} (x + j + a) \prod_{j=0}^{i-1} (x - j + b). \tag{96}$$

Par souci de simplicité, nous noterons $P_i^k := P_i^k(x; a, b)$ lorsqu'il n'y a pas de risque d'ambiguïté.

Proposition 4.6 *Lorsque $p \leq k$,*

$$\mathcal{B}_{k-p}^{-1}\left[P_p^k, \ldots P_k^k\right] = \prod_{i=0}^{p-1} (x + b - i) \prod_{i=0}^{k-p-1} (b - a - p - i). \tag{97}$$

Preuve : Commençons par remarquer que

$$y_0^i \partial_{y_0 y_1} \cdots \partial_{y_j y_{j+1}} \tag{98}$$

est un polynôme symétrique en $\{y_0, \ldots, y_{j+1}\}$. Par conséquent, il est possible de permuter les variables dans l'expression pour obtenir

$$y_0^i \partial_{y_0 y_1} \cdots \partial_{y_j y_{j+1}} = y_j^i \partial_{y_j y_{j-1}} \cdots \partial_{y_1 y_0} \partial_{y_0 y_{j+1}}. \tag{99}$$

En appliquant le même argument à $y_j^i \partial_{y_j y_{j-1}} \cdots \partial_{y_1 y_0}$ qui est symétrique dans les variables $\{y_0, \ldots, y_j\}$, on obtient

$$y_j^i \partial_{y_j y_{j-1}} \cdots \partial_{y_1 y_0} \partial_{y_0 y_{j+1}} = y_0^i \partial_{y_0 y_1} \cdots \partial_{y_{j-1} y_j} \partial_{y_0 y_{j+1}}. \tag{100}$$

Par définition de $\partial_{y_0 y_{j+1}}$,

$$y_0^i \partial_{y_0 y_1} \cdots \partial_{y_j y_{j+1}} = \frac{y_{j+1}^i \partial_{y_{j+1} y_1} \partial_{y_1 y_2} \cdots \partial_{y_{j-1} y_j} - y_0^i \partial_{y_0 y_1} \cdots \partial_{y_{j-1} y_j}}{y_{j+1} - y_0}. \tag{101}$$

À nouveau,

$$y_{j+1}^i \partial_{y_{j+1} y_1} \partial_{y_1 y_2} \cdots \partial_{y_{j-1} y_j} = y_1^i \partial_{y_1 y_2} \cdots \partial_{y_j y_{j+1}}, \tag{102}$$

et l'équation (101) devient

$$y_0^i \partial_{y_0 y_1} \cdots \partial_{y_j y_{j+1}} = \frac{y_1^i \partial_{y_1 y_2} \cdots \partial_{y_j y_{j+1}} - y_0^i \partial_{y_0 y_1} \cdots \partial_{y_{j-1} y_j}}{y_{j+1} - y_0}. \tag{103}$$

Prouvons le résultat par récurrence sur k. Si $k = p$, le résultat est évident. Notons $\mathbf{P}(y)$ l'unique polynôme de degré $k - p + 1$ en y tel que, pour tout $i = 0 \ldots k - p$, $\mathbf{P}(i) = P_{p+i}^k$. Par linéarité, (103) donne

$$\mathbf{P}(y_0) \partial_{y_0 y_1} \cdots \partial_{y_{k-p-1} y_{k-p}} = \frac{\mathbf{P}(y_1) \partial_{y_1 y_2} \cdots \partial_{y_{k-p-1} y_{k-p}} - \mathbf{P}(y_0) \partial_{y_0 y_1} \cdots \partial_{y_{k-p-2} y_{k-p-1}}}{y_{k-p} - y_0}. \tag{104}$$

En spécialisant à $y_i = i$, nous obtenons

$$\mathbf{P} \partial_{0 \ldots k-p} = \frac{\mathbf{P} \partial_{1 \ldots k-p} - \mathbf{P} \partial_{0 \ldots k-p-1}}{k - p}. \tag{105}$$

Par définition de $\mathbf{P}$ et en utilisant le corollaire 4.4, nous trouvons que

$$\mathcal{B}_{k-p}^{-1}\left[P_p^k, \ldots, P_k^k\right] = \mathcal{B}^{-1}\left[\mathbf{P}(0), \ldots, \mathbf{P}(k-p)\right] = (k-p)! \mathbf{P} \partial_{0 \ldots k-p}. \tag{106}$$

Ainsi, (105) permet d'écrire

$$\mathcal{B}_{k-p}^{-1}\left[P_p^k,\ldots,P_k^k\right] = (k-p-1)! \left(\mathbf{P}\partial_{1\ldots k-p} - \mathbf{P}\partial_{0\ldots k-p-1}\right). \tag{107}$$

Maintenant,

$$\mathcal{B}_{k-p}^{-1}\left[P_p^k,\ldots,P_k^k\right] = \mathcal{B}_{k-p-1}^{-1}\left[P_{p+1}^k\ldots P_k^k\right] - \mathcal{B}_{k-p-1}^{-1}\left[P_p^k,\ldots,P_{k-1}^k\right]. \tag{108}$$

Si $i < k$,
$$P_i^k(x;a,b) = (x+a)P_i^{k-1}(x;a+1,b). \tag{109}$$

Si $i > 0$
$$P_{i+1}^k(x;a,b) = (x+b)P_i^{k-1}(x;a,b-1). \tag{110}$$

Par conséquent, (108) devient

$$\begin{aligned}\mathcal{B}_{k-p}^{-1}\left[P_p^k,\ldots,P_k^k\right] = {} & (x+b)\mathcal{B}_{k-p-1}^{-1}\left[P_p^{k-1}(x;a,b-1),\ldots,P_{k-1}^{k-1}(x;a,b-1)\right] \\ & - (x+a)\mathcal{B}_{k-p-1}^{-1}\left[P_p^{k-1}(x;a+1,b),\ldots,P_{k-1}^{k-1}(x;a+1,b)\right].\end{aligned} \tag{111}$$

Le résultat est alors obtenu par application de l'hypothèse de récurrence. □

Si l'on pose $p = 0$ dans la proposition précédente, nous obtenons

$$\mathcal{B}_k^{-1}\left[P_0^k,\ldots P_k^k\right] = \prod_{i=0}^{k-1}(b-a-i). \tag{112}$$

Exemples : La transformée binomiale inverse se programme facilement, par exemple de la façon suivante :

```
TBi:=proc(k,L)
local result,l;
l:=L;
if nops(L)<k then
        l:=[op(L),seq(0,i=1..k-nops(L))];
end if;
result:=convert([seq((-1)^(k-i)*binomial(k,i)*l[i+1],i=0..k)],'+');
return result;
end proc;
```

De même, les polynômes P_i^k :

```
polP:=proc(k,i,a,b)
```

```
global x;
local result;
result:=convert([seq(x+j+a,j=0..k-i-1)],'*')
*convert([seq(x-j+b,j=0..i-1)],'*');
return result;
end proc;
```

Nous pouvons ensuite illustrer la dernière remarque sur un exemple : donnons tout d'abord le code correspondant au résultat :

```
TBpolP:=proc(k,a,b)
local result;
result:=convert([seq(b-a-i,i=0..k-1)],'*');
return result;
end proc;
```

Avec $k = 5$, nous trouvons

```
> q:=TBpolP(5,0,a,b);
        q:= (b - a) (b - a - 1) (b - a - 2) (b - a - 3) (b - a - 4)
```

Nous pouvons ensuite comparer ce résultat au calcul utilisant la transformée binomiale inverse :

```
> p:=TBi(5,[seq(polP(5,i,a,b),i=0..5)]);
p:= -(x + a) (x + 1 + a) (x + 2 + a) (x + 3 + a) (x + 4 + a)

    + 5 (x + a) (x + 1 + a) (x + 2 + a) (x + 3 + a) (x + b)

    - 10 (x + a) (x + 1 + a) (x + 2 + a) (x + b) (x - 1 + b)

    + 10 (x + a) (x + 1 + a) (x + b) (x - 1 + b) (x - 2 + b)

    - 5 (x + a) (x + b) (x - 1 + b) (x - 2 + b) (x - 3 + b)

    + (x + b) (x - 1 + b) (x - 2 + b) (x - 3 + b) (x - 4 + b)
```

polynôme qui se factorise :

```
> factor(p);
        -(a + 4 - b) (a + 3 - b) (a + 2 - b) (a + 1 - b) (a - b)
```

et dont il est facile de voir l'identité avec la quantité précédente.

4.4 Coefficient dominant

Soit $\mathbf{f}(x, y)$ un polynôme bivarié de degré m. Dans cette section, nous présentons des résultats sur le coefficient du terme dominant de la transformée binomiale $\mathcal{B}_k[(\mathbf{f}(x, i)i^p)_i]$, c'est-à-dire le scalaire

$$\mathcal{L}_{k,p}(\mathbf{f}) = [x^{p+m-k}]\mathbf{f}(x, y_0)y_0^p\partial_0 \ldots \partial_{k-1}\big|_{y_i=i} \tag{113}$$

multiplié par $k!$. Le résultat suivant explique comment tenir compte du décalage introduit par la multiplication par i^p :

Proposition 4.7 *Le coefficient dominant est déterminé par*

$$\mathcal{L}_{k,p}(\mathbf{f}) = \begin{cases} \mathcal{L}_{k-p,0}(\mathbf{f}_p) & si \ p \leq k \ ; \\ 0 & sinon, \end{cases} \tag{114}$$

où $\mathbf{f}_p(x, y) = \mathbf{f}(x, y + p)$.

Preuve : La proposition 4.5 implique que

$$\mathbf{f}(x, y)y^p\partial_{0\cdots k+1} = \mathbf{f}(x, y+1)(y+1)^{p-1}\partial_{0\cdots k}. \tag{115}$$

Notons que, puisque $\mathbf{f}(x, y)(y+1)^p$ est un polynôme bivarié de degré $p + m - 1$,

$$[x^{p+m-k}]f(x, y+1)(y+1)^{p-1} = [x^{p+m-k}]f(x, y+1)(y)^{p-1} + R(y), \tag{116}$$

où R est un polynôme de degré au plus $k - 1$. Ainsi, puisque l'opérateur $\partial_{y_0 y_1} \cdots \partial_{y_{k-1} y_k}$ fait décroître le degré de k en les y_i, nous pouvons observer que

$$[x^{p+m-k}]\mathbf{f}(x, y+1)(y+1)^{p-1}\partial_{0\cdots k} = [x^{p+m-k}]\mathbf{f}(x, y+1)(y)^{p-1}\partial_{0\cdots k}, \tag{117}$$

où, de manière équivalent,

$$\mathcal{L}_{k,p}(\mathbf{f}) = \begin{cases} \mathcal{L}_{k-1,p-1}(\mathbf{f}_1) & si \ 1 \leq k \ ; \\ 0 & sinon, \end{cases} \tag{118}$$

Le résultat est obtenu en itérant ce procédé. $\square$

Si $(a_i(x))_i$ est une suite de polynômes, définissons

$$\mathcal{T}_k^{a,b}[(a_i(x))_i] := (-1)^k \mathcal{B}_k^{-1}\Big[\big(P_i^k a_i(x)\big)_i \Big]. \tag{119}$$

Dans le cas où $\mathbf{f}(x,y)$ est un polynôme bivarié de degré m, sa transformée, $\mathcal{T}_k^{a,b}[\mathbf{f}(x,0),\ldots,\mathbf{f}(x,k)]$, est un polynôme en x dont le degré est aussi m.

En particulier, lorsque $\mathbf{f}(x,y) = y^p$, l'équation (112) et la proposition 4.7 impliquent que

$$[x^p]\mathcal{T}_k^{a,b}[(i^p)_i] = \begin{cases} (-1)^k \dfrac{k!}{(k-p)!} \displaystyle\prod_{i=0}^{k-p-1} (b-a-p-i) & \text{si } p \le k \ ; \\ 0 & \text{sinon.} \end{cases} \tag{120}$$

Le résultat précédent nous permet de calculer le terme dominant dans l'action de $\mathcal{T}_k^{a,b}$ sur un produit de facteurs linéaires de la forme $cx - dy + e$.

Corollaire 4.8

$$[x^p]\mathcal{T}_k\left[\left(\prod_{j=0}^{p-1}(c_jx - d_ji + e_j)\right)_i\right] =$$
$$\sum_{j=0}^{k}\frac{k!}{(k-j)!}\left(\sum_{\substack{\{0,\ldots,p-1\}= \\ \{s_1,\ldots,s_j\}\cup\{t_1,\ldots,t_{p-j}\}}} d_{s_1}\ldots d_{s_j}c_{t_1}\ldots c_{t_{p-j}}\right)\prod_{i=0}^{k-j-1}(a-b+j+i). \tag{121}$$

Preuve : Remarquons d'abord que les e_i ont une contribution nulle :

$$[x^p]\mathcal{T}_k\left[\left(\prod_{j=0}^{p-1}(c_jx - d_ji + e_j)\right)_i\right] = [x^p]\mathcal{T}_k\left[\left(\prod_{j=0}^{p-1}(c_jx - d_ji)\right)_i\right]. \tag{122}$$

En effet, le coefficient de $e_{j_1}\ldots e_{j_s}$ dans $\prod_{j=0}^{p-1}(c_jx - d_jy + e_j)$ est un polynôme $f(x,y)$ de degré $p-s$. D'après la remarque 4.3, le degré de $\mathcal{T}_k[(f(x,i))_i]$ étant au plus égal à $p-s$, nous avons nécessairement $[x^p]\mathcal{T}_k[(f(x,i))_i] \neq 0$ à condition que $s = 0$.

Pour obtenir le résultat, il est suffisant de développer $\prod_{j=0}^{p-1}(c_j x - d_j y)$ comme un polynôme en x et y :

$$[x^p]\mathcal{T}_k\left[\left(\prod_{j=0}^{p-1}(c_j x - d_j i + e_j)\right)_i\right] =$$

$$[x^p]\sum_{j=0}^{p}(-1)^{p-j}\left(\sum_{\substack{\{0,\ldots,p-1\}= \\ \{s_1,\ldots,s_j\}\cup\{t_1,\ldots,t_{p-j}\}}}c_{s_1}\ldots c_{s_j}d_{t_1}\ldots d_{t_{p-j}}\right)\mathcal{T}_k\left[\left(x^j i^{p-j}\right)_i\right] \quad (123)$$

$$= \sum_{j=0}^{p}(-1)^{p-j}\left(\sum_{\substack{\{0,\ldots,p-1\}= \\ \{s_1,\ldots,s_j\}\cup\{t_1,\ldots,t_{p-j}\}}}c_{s_1}\ldots c_{s_j}d_{t_1}\ldots d_{t_{p-j}}\right)[x^{p-j}]\mathcal{T}_k\left[\left(i^{p-j}\right)_i\right].$$

L'utilisation de l'équation (120) permet de trouver le résultat.   □

4.5   Calcul de la limite

4.5.1   Convergence

Supposons que $a = a(N)$ et $b = b(N)$ sont des fonctions linéaires de N. Dans ce cas,

Théorème 4.9 *[CDLV10]*

$$\left|\lim_{N\to\infty}\frac{I_k}{N}\right| < +\infty. \quad (124)$$

Preuve : Partons du Corollaire 4.1 et écrivons

$$\frac{I_k}{N} = \frac{1}{k!}\frac{\mathcal{N}_k(N)}{N\prod_{j=-k+1}^{k-1}(a(N)+b(N)+2N+j-2)} \quad (125)$$

où

$$\mathcal{N}_k(N) := \sum_{i=0}^{k-1}(-1)^i\binom{k-1}{i}\prod_{j=-k+1}^{-i-1}(2N+a(N)+b(N)+j-2)\times$$

$$\times\prod_{j=-i}^{k-1-i}(N+j)(N+a(N)+j-1)\prod_{j=k-i}^{k-1}(2N+a(N)+b(N)+j-2). \quad (126)$$

La preuve utilise le lemme suivant.

Lemme 4.10 *Le degré en N du polynôme $\mathcal{N}_k(N)$ est $2k$.*

Preuve : Pour simplifier, posons $a = a_1 N + a_0$ et $b = b_1 N + b_0$, et écrivons

$$\prod_{j=-k+1}^{-i-1} (2x + a(x) + b(x) + j - 2) \prod_{j=k-i}^{k-1} (2x + a(x) + b(x) + j - 2) =$$
$$\prod_{j=0}^{k-i-2} ((2 + a_1 + b_1)x + j + a_0 + b_0 - 1 - k) \prod_{j=0}^{i-1}((2 + a_1 + b_1)x + a_0 + b_0 - j + k - 3).$$

$$(127)$$

Avec les notations des sections précédentes, nous reconnaissons dans cette expression

$$\prod_{j=0}^{k-i-2} ((2 + a_1 + b_1)x + j + a_0 + b_0 - 1 - k) \prod_{j=0}^{i-1}((2 + a_1 + b_1)x + a_0 + b_0 - j + k - 3)$$
$$= P_i^{k-1}((2 + a_1 + b_1)x; a_0 + b_0 - k - 1, a_0 + b_0 + k - 3).$$

$$(128)$$

En posant

$$\mathbf{Q}_k(x,y) := \prod_{j=0}^{k-1}(\frac{x}{2 + a_1 + b_1} + j - y)(\frac{1 + a_1}{2 + a_1 + b_1}x + a_0 + j - 1 - y), \qquad (129)$$

nous obtenons

$$\mathcal{N}_k(N) = \mathcal{T}_{k-1}^{a_0+b_0-1-k,a_0+b_0+k-3}\left[(\mathbf{Q}_k(x,i))_{i\in\mathbb{N}}\right]|_{x=(a_1+b_1+2)N}. \qquad (130)$$

Ainsi, à cause de la remarque 4.3, le degré de $\mathcal{N}_k(N)$ est égal au degré de $\mathbf{Q}_k(x,y)$, c'est-à-dire $2k$. □

Le degré en N du dénominateur

$$N \prod_{j=-k+1}^{k-1} (a(N) + b(N) + 2N + j - 2) \qquad (131)$$

de $\dfrac{I_k}{N}$ vaut $2k$. D'après le lemme 4.10, $\dfrac{I_k}{N}$ est une fraction rationnelle en N dont le numérateur et le dénominateur ont le même degré en N, lequel vaut $2k$. Ainsi, $\dfrac{I_k}{N}$ converge. □

4.5.2   Valeur de la limite

Soit $\mathbf{F}^p_{\alpha_1,\beta_1;\alpha_2,\beta_2}(x,y) = \displaystyle\prod_{j=0}^{p-1}(\alpha_1 x + j - y + \beta_1)(\alpha_2 x + j - y + \beta_2)$. Posons, pour simplifier,

$$\mathbb{F}^p_{\alpha_1,\beta_1;\alpha_2,\beta_2}(x) = \left(\mathbf{F}^p_{\alpha_1,\beta_1;\alpha_2,\beta_2}(x,i)\right)_{i\in\mathbb{N}}. \tag{132}$$

Proposition 4.11 *Le coefficient de x^{2p} dans $\mathcal{T}^{a,b}_k[\mathbb{F}^p_{\alpha_1,\beta_1;\alpha_2,\beta_2}(x)]$ ne dépend ni de β_1 ni de β_2. Plus précisément,*

$$[x^{2p}]\mathcal{T}^{a,b}_k[\mathbb{F}^p_{\alpha_1,\beta_1;\alpha_2,\beta_2}(x)] = \sum_{j=0}^{k}\frac{k!}{(k-j)!}\sum_{i=0}^{p}\binom{p}{i}\binom{p}{2p-j-i}\alpha_1^i\alpha_2^{2p-i-j}\prod_{i=0}^{k-j-1}(a-b+j+i). \tag{133}$$

Preuve : Cette égalité est obtenue grâce au corollaire 4.8 en posant $c_j = \alpha_1$, $c_{j+p} = \alpha_2$, $d_j = d_{j+p} = 1$, $e_j = j + \beta_1$ et $e_{j+p} = \beta_2$ pour tout $j = 0, 1, \ldots p-1$.   □

En utilisant ce résultat, nous trouvons le théorème suivant.

Théorème 4.12 *[CDLV10] En posant $a = a_1 N + a_0$ et $b = b_1 N + b_0$,*

$$\lim_{N\to\infty}\frac{I_k}{N} =$$
$$\frac{1+a_1}{k(2+a_1+b_1)^k}\sum_{j=0}^{k-1}(-1)^j\left(\frac{1+a_1}{2+a_1+b_1}\right)^j\binom{j+k-1}{j}\sum_{i=0}^{k-1-j}(1+a_1)^i\binom{k}{i+j+1}\binom{k}{i}. \tag{134}$$

Preuve : Nous avons vu (voir équation (130)) que

$$\lim_{N\to\infty}\frac{I_k}{N} = \frac{1}{k!(a_1+b_1+2)^{2k-1}}\times$$
$$\times\ [N^{2k}]\mathcal{T}^{a_0+b_0-1-k,a_0+b_0+k-3}_{k-1}\left[\mathbb{F}^k_{\frac{1}{2+a_1+b_1},0;\frac{1+a_1}{2+a_1+b_1},a_0-1}(x)\right]_{x=(2+a_1+b_1)N}. \tag{135}$$

Avec la proposition 4.11, nous obtenons

$$\lim_{N\to\infty}\frac{I_k}{N} = \frac{2+a_1+b_1}{k}\sum_{i=0}^{k-1}(1+a_1)^{-i}\prod_{j=0}^{k-i-2}(2(1-k)+j+i)\frac{1}{(k-i-1)!}\times$$
$$\times\sum_{j=0}^{k}\binom{k}{j}\binom{k}{2k-i-j}\left(\frac{1+a_1}{2+a_1+b_1}\right)^{2k-j}. \tag{136}$$

En reconnaissant

$$\prod_{j=0}^{k-i-2} (2(1-k) + j + i) \frac{1}{(k-i-1)!} = (-1)^{i+k-1} \binom{2(k-1) - i}{k-1} \tag{137}$$

et en réordonnant les termes, nous obtenons le théorème.   □

Récrivons maintenant (134) :

$$\lim_{N \to \infty} \frac{I_k}{N} = \frac{1 + a_1}{(2 + a_1 + b_1)^k} \Big((1 + a_1)^{k-1} + \sum_{i=0}^{k-2} \frac{(1 + a_1)^i}{k - i - 1} \binom{k}{i} \sum_{j=0}^{k-1-i} (-1)^j \left(\frac{1 + a_1}{2 + a_1 + b_1} \right)^j \binom{j + k - 1}{i + j + 1} \binom{k - i - 1}{j} \Big) \tag{138}$$

Par simplicité, posons $a_1 = \ell_1 - 1$ et $b_1 = \dfrac{1}{\ell_2} - \ell_1 - 1$. Avec ces notations, l'équation (138) devient

$$\lim_{N \to \infty} \frac{I_k}{N} = \ell_1 \ell_2^k \left(\ell_1^{k-1} + \sum_{i=0}^{k-2} \frac{\ell_1^i}{k - i - 1} \binom{k}{i} \sum_{j=0}^{k-1-i} (-1)^j (\ell_1 \ell_2)^j \binom{j + k - 1}{i + j + 1} \binom{k - i - 1}{j} \right). \tag{139}$$

Le réordonnement de cette somme conduit à

$$\lim_{N \to \infty} \frac{I_k}{N} = \ell_1 \ell_2^k \left(1 + \sum_{j=1}^{k-1} \frac{\ell_1^j}{j} \binom{k}{j + 1} \left(\sum_{i=1}^{j} (-1)^i \binom{j}{i} \binom{i + k - 1}{j - 1} \ell_2^i \right) \right), \tag{140}$$

ou, de manière équivalente, en terme de transformée binomiale,

$$\lim_{N \to \infty} \frac{I_k}{N} = \ell_1 \ell_2^k \left(1 + \sum_{j=1}^{k-1} \frac{\ell_1^j}{j} \binom{k}{j + 1} \mathcal{B}_j^{-1} \left[\left(\binom{i + k - 1}{j - 1} \ell_2^i \right)_i \right] \right). \tag{141}$$

4.6 Quelques cas particuliers liés à la combinatoire

Dans cette dernière section, nous mentionnons quelques cas particuliers que l'on obtient par spécialisation des paramètres de l'intégrale et qui mettent en jeu des nombres dont l'interprétation combinatoire est bien connue.

4.6.1   Cas simples

Corollaire 4.13

1. *Si $a_1 = -1$ et $b_1 \neq -1$,* $\displaystyle\lim_{N \to \infty} \frac{I_k}{N} = 0$.

2. *Si $a_1 \neq 1$ et $b_1 = -1$,* $\displaystyle\lim_{N \to \infty} \frac{I_k}{N} = 1$.

Preuve : La première affirmation vient directement de (134).
La preuve de la seconde fait appel au lemme suivant.

Lemme 4.14 *Soit a, b et c trois entiers. Nous noterons*

$$\left\{ \begin{matrix} c \\ b \end{matrix} \right\}_a := \sum_{j=0}^{a} (-1)^j \binom{a}{j} \binom{c+j}{b+j}. \tag{142}$$

Alors

$$\left\{ \begin{matrix} c \\ b \end{matrix} \right\}_a = (-1)^a \binom{c}{a+b}. \tag{143}$$

Preuve : La preuve se fait par récurrence, en remarquant que

$$\left\{ \begin{matrix} c \\ b \end{matrix} \right\}_a = \left\{ \begin{matrix} c-1 \\ b \end{matrix} \right\}_a + \left\{ \begin{matrix} c-1 \\ b \end{matrix} \right\}_a. \tag{144}$$

□

En utilisant la spécialisation $b_1 = -1$ (ou $\ell_2 = \ell_1$) et la notation du lemme 4.14, la formule (140) devient

$$\lim_{N \to \infty} \frac{I_k}{N} = \ell_1^{k-1} \left(\ell_1^{1-k} + \sum_{i=0}^{k-2} \frac{\ell_1^{-i}}{k-i-1} \binom{k}{i} \left\{ \begin{matrix} k-1 \\ i+1 \end{matrix} \right\}_{k-i-1} \right). \tag{145}$$

Le lemme 4.14 implique que $\left\{ \begin{matrix} k-1 \\ i+1 \end{matrix} \right\}_{k-i-1} = \binom{k-1}{k} = 0$, ce qui induit le résultat. □

Exemples : En utilisant les fonctions présentés dans la section 3.4, nous vérifions que

- $\displaystyle\lim_{N \to \infty} \frac{I_k}{N}$ pour $a = -N + a_0$ et $b = b_1 N + b_0$ avec $b_1 \neq -1$ s'annule : par exemple

```
> limit(Intp(k,(-1)*n+a0,4*n+b0,1,n)/n,n=infinity);
```

$$0$$

- Le calcul de $\displaystyle\lim_{N \to \infty} \frac{I_k}{N}$ pour $a = 3N + a_0$ et $b = -N + b_0$ donne bien la valeur attendue :

```
> limit(Intp(k,3*n+a0,(-1)*n+b0,1,n)/n,n=infinity);
```

$$1$$

4.6.2   Coefficients binomiaux centraux et spécialisation $a_1 = b_1 = 0$

Avec cette spécialisation, l'équation (134) devient

$$\lim_{N \to \infty} \frac{I_k}{N} = \frac{1}{2^k k} \sum_{j=0}^{k-1} \left(\frac{-1}{2} \right)^i \binom{j+k-1}{j} \sum_{i=0}^{k-1-j} \binom{k}{i+j+1} \binom{k}{i}. \qquad (146)$$

Par ailleurs,

$$\sum_{i=0}^{k-1-j} \binom{k}{i+j+1} \binom{k}{i} = \binom{2k}{k+j+1}. \qquad (147)$$

Cette dernière relation provient en effet de l'égalité bien connue

$$\sum_{j=0}^{\infty} \binom{a}{j} \binom{b}{c+j} = \binom{a+b}{a+c}, \qquad (148)$$

qui peut être prouvée à l'aide d'une récurrence sur b. Par conséquent, grâce à (147), nous obtenons

$$\lim_{N \to \infty} \frac{I_k}{N} = \frac{1}{2^k k} \sum_{j=0}^{k-1} \left(\frac{-1}{2} \right)^i \binom{j+k-1}{j} \binom{2k}{k+j+1}. \qquad (149)$$

Lemme 4.15 *Nous avons*

$$\left\langle \begin{matrix} n \\ m \end{matrix} \right\rangle := \sum_{j=0}^{n-m} (-2)^{-j} \binom{n-m+j}{j} \binom{2n}{n+m+j} = 2^{m-n} \binom{n}{m} \frac{\binom{2n}{n}}{\binom{2m}{m}}. \qquad (150)$$

Preuve : Posons $F_{n,j} := (-2)^{-j} \binom{n-m+j}{j} \binom{2n}{n+m+j}$. Calculons la suite de Gosper (11) associée :

$$G_{n,j} := -2 \frac{j(2n+1)}{m-n+j-1} F_{n,j}, \qquad (151)$$

Les suites $F_{n,j}$ et $G_{n,j}$ vérifient l'égalité

$$(2n+1)F_{n,j} + (m-n-1)F_{n+1,j} = G_{n,j+1} - G_{n,j}. \qquad (152)$$

Par conséquent,

$$(2n+1) \left\langle \begin{matrix} n \\ m \end{matrix} \right\rangle = (n-m+1) \left\langle \begin{matrix} n+1 \\ m \end{matrix} \right\rangle. \qquad (153)$$

Le résultat est alors obtenu par récurrence.   □

Avec 4.14, nous pouvons établir le corollaire suivant

Corollaire 4.16

$$\lim_{N \to \infty} \frac{I_k}{N} = \frac{1}{2^k k} \left\langle {k \atop 1} \right\rangle = \frac{1}{2^{2k}} \binom{2k}{k}. \tag{154}$$

4.6.3 Triangle de Catalan et spécialisation $a_1 = 0$

Posons, pour simplifier, $b_1 = \ell - 1$. L'équation (134) devient alors

$$\lim_{N \to \infty} \frac{I_N}{N} = \frac{1}{k(1+\ell)^k} \sum_{j=0}^{k-1} (-1)^j \left(\frac{1}{1+\ell}\right)^j \binom{j+k-1}{j} \sum_{i=0}^{k-1-j} \binom{k}{i+j+1} \binom{k}{i}. \tag{155}$$

En utilisant la relation (147), nous obtenons l'égalité

$$\lim_{N \to \infty} \frac{I_N}{N} = \frac{1}{k(1+\ell)^k} \sum_{j=0}^{k-1} (-1)^j \left(\frac{1}{1+\ell}\right)^j \binom{j+k-1}{j} \binom{2k}{k+j+1}, \tag{156}$$

ou, de manière équivalente,

$$\lim_{N \to \infty} \frac{I_N}{N} = \frac{1}{k(1+\ell)^{2k-1}} \sum_{j=0}^{k-1} (-1)^j (1+\ell)^{k-j-1} \binom{j+k-1}{j} \binom{2k}{k+j+1}$$

$$= \frac{1}{k(1+\ell)^{2k-1}} \sum_{i=0}^{k-1} \left(\sum_{j=0}^{k-1-i} (-1)^j \binom{k-1-j}{i} \binom{k+j-1}{j} \binom{2k}{j+k+1} \right) \ell^i.$$

Le réarrangement des facteurs des produits apparaissant dans le coefficient de chaque ℓ^i, il est possible d'exprimer l'expression précédente en termes de transformée binomiale :

$$\lim_{N \to \infty} \frac{I_N}{N} = \frac{(2k)!}{k!(1+\ell)^{2k-1}} \sum_{i=0}^{k-1} \frac{(-1)^{k-1-i}}{i!(k-i-1)!} \mathcal{B}_{k-i-1}^{-1} \left[\left(\frac{1}{(j+k)(j+1+k)} \right)_j \right] \ell^i \tag{157}$$

Le lemme suivant nous est nécessaire :

Lemme 4.17

$$\mathcal{B}_m^{-1} \left[\left(\frac{1}{(p+i)(p+i+1)} \right)_i \right] = \frac{(-1)^m (m+1)!}{\prod\limits_{i=0}^{m+1} (p+i)}. \tag{158}$$

Preuve : Il faut d'abord remarquer que

$$\frac{1}{(p+i)(p+i+1)} = \frac{P_{m-i}^m(p;0,m+1)}{\prod\limits_{i=0}^{m+1} (p+i)}. \tag{159}$$

Ainsi,

$$\mathcal{B}_m^{-1}\left[\left(\frac{1}{(p+i)(p+i+1)}\right)_i\right] = \frac{\mathcal{B}_m^{-1}\left[P_0^m(p;0,m+1)\ldots P_m^m(p;0,m+1)\right]}{\displaystyle\prod_{i=0}^{m+1}(p+i)}. \tag{160}$$

Le résultat découle de l'utilisation de l'équation (112).   □

Appliquons maintenant le lemme 4.17 dans l'égalité (157). Nous trouvons la proposition suivante.

Proposition 4.18

$$\lim_{N\to\infty}\frac{I_k}{N} = \frac{\displaystyle\sum_{i=0}^{k-1}\frac{k-i}{k}\binom{2k}{i}\ell^i}{(1+\ell)^{2k-1}}. \tag{161}$$

Exemples : Ce résultat nous donne une nouvelle occasion de vérifier que nos fonctions fonctionnent correctement :

```
> limit(Intp(4,a0,(1-1)*n+b0,1,n)/n,n=infinity);
                                 2        3
               1 + 6 1 + 14 1  + 14 1
               -----------------------
                          7
                      (1 + 1)
```

```
> convert([seq(((4-i)/4)*binomial(8,i)*1^i,i=0..3)],'+')/((1+1)^(2*4-1));
                                 2        3
               1 + 6 1 + 14 1  + 14 1
               -----------------------
                          7
                      (1 + 1)
```

Remarque 4.19 *Le triangle* $\partial := \left(\dfrac{k-i}{k}\dbinom{2k}{i}\right)_{k,i\in\mathbb{N}}$ *est parfois appelé* triangle de Catalan *(voir par exemple les suites A008315, A050166 and A039598 dans [Slo]). Il est intéressant de noter que ces nombres sont liés à de nombreux objets combinatoires. Ils apparaissent, par exemple, dans le développement des puissances impaires de x en polynômes de Chebyshev de seconde espèce $U_k(x)$ (voir e.g. [AS64] p.796), puisque*

$$x^{2k-1} = \frac{1}{2^{2k-1}}\sum_{i=0}^{k-1}\partial_{k,i}U_{2(k-i)-1}(x). \tag{162}$$

Un autre exemple est donné par R.K. Guy dans [Guy00] : le nombre de marches à k pas *sur un réseau (chaque pas dans l'une des quatre directions), commençant en $(0,0)$ et à une distance i de l'axe des abscisses vaut $\partial_{k+1-i,k+1}$.*

4.6.4 Chemins de Dyck symétriques comptés par pics et spécialisation $b_1 = 0$

Par souci de simplicité, posons $a_1 = \ell - 1$. Ce cas a déjà été étudié par M. Novaes in [Nov07, Nov08]. Avec nos notations, il a prouvé que

$$\lim_{N\to\infty} \frac{I_k}{N} = (\ell+1) \sum_{i=1}^{k} \frac{(-1)^{i-1}}{i} \binom{k-1}{i-1} \binom{2(i-1)}{i-1} \left(\frac{\ell}{(1+\ell)^2} \right)^i. \tag{163}$$

Notre but est d'identifer le coefficient $\alpha_{i,k}$ tel que

$$\lim_{N\to\infty} \frac{I_k}{N} = \frac{\sum_i \alpha_{i,k}\ell^i}{(1+\ell)^{2k-1}}. \tag{164}$$

Proposition 4.20

$$\lim_{N\to 0} \frac{I_k}{N} = \frac{\ell}{(1+\ell)^{2k-1}} \sum_{i=0}^{2(k-1)} \binom{k-1}{\lceil \frac{i}{2} \rceil} \binom{k-1}{\lfloor \frac{i}{2} \rfloor} \ell^i.$$

Preuve : Commençons par récrire (163) :

$$\lim_{N\to\infty} \frac{I_k}{N} = \frac{1}{2k-1} \sum_{i=1}^{k} \frac{(-1)^{i-1}}{i} \binom{k-1}{i-1} \binom{2(i-1)}{i-1} \ell^i (1+\ell)^{2(k-i)}. \tag{165}$$

En développant $(1+\ell)^{2(k-i)}$ et en réarrangeant la somme, nous obtenons

$$\lim_{N\to\infty} \frac{I_k}{N} = \frac{\ell}{(1+\ell)^{2k-1}} \sum_{i=0}^{2(k-1)} \left(\sum_{j=0}^{k-1} (-1)^j \binom{2(k-j-1)}{i-j} \frac{\binom{2j}{j}}{j+1} \right) \ell^i. \tag{166}$$

Nous devons donc prouver que

$$\beth_{k,i} := \sum_{j=0}^{k} (-1)^j \binom{2(k-j)}{i-j} \frac{\binom{2j}{j}}{j+1} = \binom{k}{\lceil \frac{i}{2} \rceil} \binom{k}{\lfloor \frac{i}{2} \rfloor}. \tag{167}$$

En utilisant l'algorithme de Gosper et la méthode de Zeilberger (dont les traits généraux sont rappelés dans la section 11), nous trouvons que la suite $\beth_{k,i}$ est complètement déterminée par la relation à trois termes suivantes :

$$- (2k + 1 - i)(2k - i) \beth_{k,i} + (2 + 2i - 2k) \beth_{k,i+1} + (i + 3)(i + 2) \beth_{k,i+2} = 0, \quad (168)$$

et les valeurs initiales

$$\beth_{k,0} = 1, \quad \beth_{k,1} = k. \quad (169)$$

Un calcul direct montre que les nombres $\binom{k}{\lceil \frac{i}{2} \rceil} \binom{k}{\lfloor \frac{i}{2} \rfloor}$ satisfont aussi les relations (168) et (169), ce qui achève la preuve. $\qquad \square$

Les nombres $\beth_{k,i} = \binom{k-1}{\lceil \frac{i}{2} \rceil} \binom{k-1}{\lfloor \frac{i}{2} \rfloor}$ ont une interprétation combinatoire intéressante. Il s'agit en effet du nombre de chemins de Dyck de demi-longueur impaire $2k - 1$ à i pics (voir par exemple [Bar06] et la suite A088855 dans [Slo]).

Exemples : Nous trouvons bien que

```
> limit(Intp(5,(1-1)*n+a0,b0,1,n)/n,n=infinity);
                         2      3       4       5       6       7    8
          1 (1 + 4 1 + 16 1  + 24 1  + 36 1  + 24 1  + 16 1  + 4 1  + 1 )
          -----------------------------------------------------------
                                      9
                                 (1 + 1)
```

et

```
> 1/((1+1)^(2*5-1))*convert([seq(binomial(5-1,ceil(i\
> /2))*binomial(5-1,floor(i/2))*1^i,i=0..2*(5-1))],'+');
                         2      3       4       5       6       7    8
          1 (1 + 4 1 + 16 1  + 24 1  + 36 1  + 24 1  + 16 1  + 4 1  + 1 )
          -----------------------------------------------------------
                                      9
                                 (1 + 1)
```

donnent le même résultat.

Dans le cas $b = 1$, en utilisant les relations (24) et (25) de [Nov11], nous pouvons écrire que

$$\langle p_k \rangle_{a,1,c}^N = \frac{2a + 2cN}{2(a + 2cN)} - \frac{2cN}{2(a + 2cN)} \sum_{a=1}^{k-1} \langle p_{k-a} \rangle_{a,1,c}^N \langle p_a \rangle_{a,1,c}^N. \quad (170)$$

Posons $a = cN(\ell - 1)$. Avec cette convention, les coefficients $\dfrac{2cN}{2(a + 2cN)}$ et $\dfrac{2a + 2cN}{2(a + 2cN)}$ se transforment respectivement en $\dfrac{1}{\ell + 1}$ et $\dfrac{\ell}{\ell + 1}$. Posons, de plus, $\langle p_k \rangle_{a,1,c}^N = \dfrac{t_k}{(1 + \ell)^{2k-1}}$.

Il est alors facile de voir que l'équation précédente peut être récrite sous la forme

$$t_k + \sum_{i=1}^{k-1} t_i t_{k-i} = \ell(\ell+1)^{2(k-1)} \tag{171}$$

ou, avec $t_0 = 1$,

$$\sum_{i=0}^{k-1} t_i t_{k-i} = \ell(\ell+1)^{2(k-1)}. \tag{172}$$

Le polynôme $\ell(\ell+1)^{2(k-1)}$ est, en fait, la série génératrice des chemins symétriques (non nécessairement de Dyck ; certains chemins peuvent passer au-dessous de l'ordonnée commune aux deux extrémités du chemin symétrique) de demi-longueur impaire $2n+1$ commençant par un pas montant comptés par nombre de pics (c'est-à-dire par nombre d'extrema dans le demi-chemin). Pour comprendre cette affirmation, commençons par associer à chaque chemin symétrique un mot sur l'alphabet $\{0,1\}$ de taille $2(n+1)$, commençant par 0 et finissant par 1. Les lettres indiquent les sommets du chemin et non les pas, 1 désignant un extremum et 0 tous les autres cas. Par convention, on suppose que le pas initial n'est pas un extremum. Le sommet central est un extremum pour des raisons de symétrie. Les mots associés à ces demi-chemins commencent donc tous par 0 et se terminent tous par 1. Pour un mot de taille $2(n+1)$, $2(n-1)$ lettres sont "libres". Les mots que l'on considère sont, sous forme de polynômes non-commutatifs, de la forme suivante

$$0(0+1)^{2(n-1)}1 \tag{173}$$

En projetant 0 sur 1 et 1 sur ℓ (où ℓ est une variable formelle), nous retrouvons le polynôme générateur évoqué ci-dessus.

Illustrons cette construction pour $n=1$: il y a quatre chemins de longueur 3 :

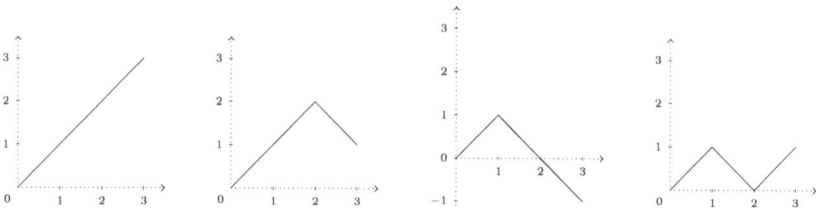

Ils correspondent respectivement aux mots 0001, 0011, 0101 et 0111.

Pour retrouver le chemin à partir du mot, il suffit d'appliquer l'algorithme suivant :
- commencer par un pas montant (la première lettre du mot ne sert pas) ;
- lorsque la lettre lue est un 0, continuer dans la même direction ;
- lorsque la lettre lue est un 1, changer de direction ;

– ne pas utiliser la dernière lettre.

Considérons par exemple le mot 01001101 : il correspond au chemin

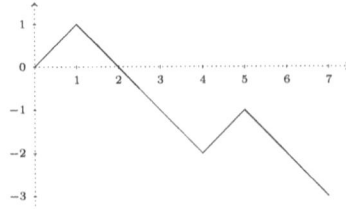

Symétrisé, ce chemin devient

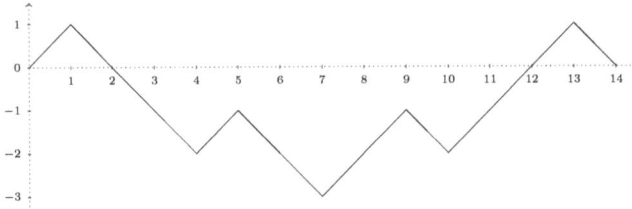

Ce dernier chemin comporte bien 4 pics, ce qui correspond au nombre d'extrema dans le demi-chemin (dans lequel le sommet initial n'est pas un extremum, le sommet final étant un extremum).

Dans ce contexte, l'équation (172) indique que tout chemin C de longueur impaire qui n'est pas un demi-chemin de Dyck peut être associé, de façon bijective, à deux demi-chemins (de longueur impaire) de Dyck (D_1, D_2) vérifiant :

(a) la longueur longueur$(D_1 D_2) + 1$ est égale à la longueur de C ;

(b) le nombre de pics dans CC^r (où C^r désigne le chemin obtenu en retournant C par rapport à l'axe des ordonnées ; CC^r est le chemin symétrique obtenu à partir de C) est égal à la somme des nombres de pics dans $D_1 D_1^r$ et dans $D_2 D_2^r$.

Par exemple, pour le chemin C de longueur 3 suivant,

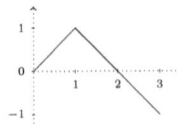

lequel n'est pas un chemin de Dyck, on obtient un chemin symétrique CC^r de la forme suivante :

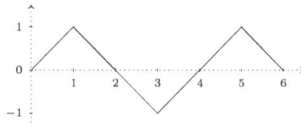

qui comporte deux pics.

La seule possibilité est de lui associer les deux chemins $D_1 = D_2$ donnés par :

de sorte qu'on obtient $D_1 D_1^r = D_2 D_2^r$ comme suit :

Il est aisé de vérifier numériquement pour les premières longueurs de chemin cette correspondance bijective, que l'on reformule ainsi : il y a une correspondance bijective entre les paires de chemin de Dyck symétriques de demi-longueur $2p - 1$ et $2q - 1$ avec respectivement k et l pics d'une part, et les chemins symétriques de demi-longueur $2(p + q) - 1$ avec $k + l$ pics qui commencent par une montée et ne sont pas de Dyck, d'autre part.

Par exemple, pour la taille $p + q = 3$,

  – **2 pics** (dans l'ensemble du chemin) : deux chemins qui ne sont pas des chemins de Dyck :

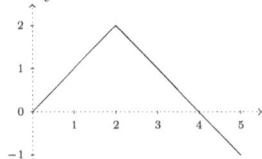

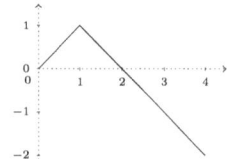

correspondant respectivement aux paires

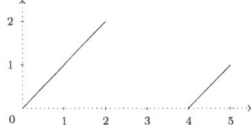

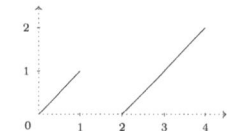

  – **3 pics** (dans l'ensemble du chemin) : deux chemins qui ne sont pas des chemins de Dyck :

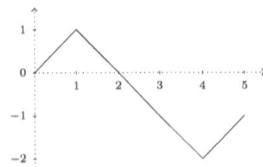

correspondant respectivement aux paires

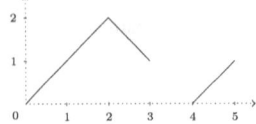

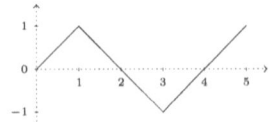

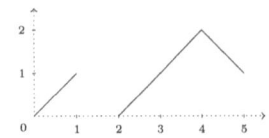

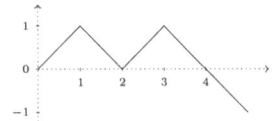

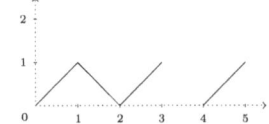

- **4 pics** (dans l'ensemble du chemin) : deux chemins qui ne sont pas des chemins de Dyck :

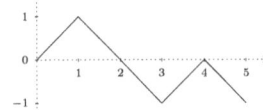

correspondant respectivement aux paires

Les décompositions semblent très simples dans les cas précédents. Les premières difficultés apparaissent dans le cas $p+q = 4$ et les décompositions ne sont plus évidentes.

Cette relation et l'intervention du nombre de chemins de Dyck nous pousse à aller plus loin dans l'analyse de la combinatoire des objets qui se cachent dans ce problème et, en particulier, à trouver explicitement la construction qui réalise la bijection que nous venons d'évoquer.

5   Conclusion

Nous avons utilisé, dans ce chapitre, des méthodes algébriques afin de caractériser le comportement asymptotique de I_k. D'autres approches sont possibles : en particulier, dans [Nov07] et [Nov08], Marcel Novaes donne une explication combinatoire du calcul de l'asymptotique pour un paramètre c quelconque en se ramenant à des relations de récurrence liées à l'énumération de marches sur un treillis.

Par ailleurs, il est possible d'utiliser les fonctions hypergéométriques (voir 12) pour explorer les asymptotiques de telles intégrales comme cela est fait dans [Kra10]. Dans cette approche, le point important est la traduction de $\dfrac{I_k}{N}$ dans le langage des séries hypergéométriques : Christian Krattenthaler montre que

$$
\frac{I_k}{N} =
$$

$$
\frac{(N+1)_{k-1}(a+N-1)_k}{k!(2N+a+b-2)_k}\,{}_4F_3\left[\begin{matrix} 1-N, 1-k, 2-a-N, 3-a-b-k-2N \\ 2-a-k-N, 1-k-N, 3-a-b-2N \end{matrix} ; 1\right] \quad (174)
$$

où $(\alpha)_m$ désigne le symbole de Pochhammer ($(\alpha)_0 = 1$ et $(\alpha)_m = \alpha(\alpha+1)\ldots(\alpha+m-1)$ pour tout $m \geq 1$). Cette traduction permet l'utilisation de tous les outils développés pour les séries hypergéométriques, en particulier les *relations contigues* (qui donnent le droit de récrire l'expression précédente, dans laquelle apparaissent des séries dont la différence entre la somme des paramètres inférieures et la somme des paramètres supérieurs est égale à -1 à des séries dont cette différence est égale à 1, ces dernières séries étant dites *1-équilibrées*) et les *formules de transformation* des séries 1-équilibrées. Ces calculs permettent d'obtenir une expression hypergéométrique à partir de laquelle le calcul de la limite $N \to \infty$ est simple. Il faut noter qu'il existe plusieurs façons de procéder aux calculs dans le *monde hypergéométrique* (du fait de l'utilisation de différentes relations de simplification), ce qui donne lieu à différentes expressions ; cependant, il est possible de retrouver l'expression présentée ici comme cela est montré dans [Kra10].

L'application des méthodes présentées ici au cas où c est quelconque ne conduit pas à une explication aussi claire des simplifications qui ont lieu.

Terminons en ajoutant que les polynômes de Macdonald peuvent encore donner lieu à des généralisations (non-symétriques, non-homogènes, à valeur vectorielle) dont on peut envisager l'utilisation dans ce cadre.

Deuxième partie

Autour des polyzetas

Sommaire

6 Indépendance linéaire des fonctions hyperlogarithmes

6.1 Introduction

Les fonctions *hyperlogarithmes* ont été introduites dès 1928 par J. A. Lappo-Danilevskiĭ ([Lap72]). Ces fonctions sont définies par des intégrales itérées de formes différentielles ω_i du type $\omega_i = \dfrac{dz}{z - a_i}$, où les a_i sont des points du plan complexe. Plus précisément, si $a_i \in \mathbb{C}$, $\forall i \in [\![0, k]\!]$ (les a_i sont les points parmi lesquels les singularités sont à choisir), on définit les hyperlogarithmes d'ordre n, pour $z_0 \in \mathbb{C} \backslash \{a_0\}$, par

$$L(a_0, \ldots, a_n | z, z_0) = \int_{z_0}^{z} \int_{z_0}^{s_n} \ldots \int_{z_0}^{s_1} \frac{ds_0}{s_0 - a_0} \ldots \frac{ds_n}{s_n - a_n} \qquad (175)$$

où les s_i sont des points d'un chemin $z \rightsquigarrow z_0$ ne passant par aucun des a_i (voir Fig. 2).

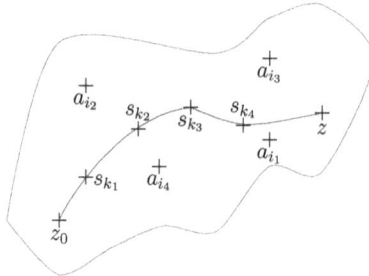

FIGURE 2 – Exemple de chemin évitant les points a_{i_1}, a_{i_2}, a_{i_3} et a_{i_4}.

On peut montrer que l'intégrale ne dépend pas de la paramétrisation du chemin pourvu que celui-ci évite les singularités choisies.

Les hyperlogarithmes généralisent ou sont en relation avec plusieurs autres objets bien étudiés par ailleurs. Par exemple, le polylogarithme d'ordre n, Li_n, est un cas particulier [Lew81] :

$$\mathrm{Li}_n(z) = \int_0^z \int_0^{s_n} \ldots \int_0^{s_2} \frac{ds_1}{1 - s_1} \frac{ds_2}{s_2} \ldots \frac{ds_n}{s_n} = -L(1, \underbrace{0, \ldots, 0}_{n-1 \text{ fois}} | z, 0). \qquad (176)$$

Plus généralement, les polylogarithmes $\mathrm{Li}_\mathbf{h}(z)$, où $\mathbf{h} = (h_1, \ldots, h_k)$ est une suite d'entiers positifs, sont des cas particuliers des hyperlogarithmes, obtenus en se restreignant à deux formes différentielles ayant chacune un pôle d'ordre 1, $\omega_0 = \dfrac{dz}{z}$ et $\omega_1 = \dfrac{dz}{1 - z}$.

Ces fonctions ont été étudiées en électrodynamique quantique ([Dys49, Mag54] par exemple). K. T. Chen les a étudiées systématiquement ([Che77]) et c'est dans ce cadre qu'il a introduit le lemme éponyme (*cf.* section 1).

Si les hyperlogarithmes sont apparus en lien avec la résolution d'équations différentielles linéaires, les polylogarithmes ont été étudiés indépendamment en relation avec la théorie des nombres et, plus particulièrement, l'étude des relations entre les valeurs prises par la fonction ζ de Riemann. Le lien apparaît plus clairement lorsque l'on considère que le développement de Taylor des polylogarithmes convergents est donné par

$$\mathrm{Li}_{\mathbf{h}}(z) = \sum_{n_1 > \cdots > n_k > 0} \frac{z^{n_1}}{n_1^{h_1} \ldots n_k^{h_k}}, \qquad (177)$$

forme qui généralise la somme définissant $\zeta(z)$.

Il est possible d'indexer les polylogarithmes par des mots, (*cf.* [Fli81, Fli83]), en adoptant les conventions suivantes : $\forall z \in \mathbb{C} \backslash\,]-\infty, 0[\, \cup\,]1, +\infty[$,

$$\mathrm{Li}_{x_0^n}(z) = \frac{\ln^n(z)}{n!}, \qquad (178a)$$

$$\mathrm{Li}_{x_1 w}(z) = \int_0^z \frac{dt}{1-t} \mathrm{Li}_w(t), \qquad (178b)$$

et, $\forall w \in X^* x_1 X^*$,

$$\mathrm{Li}_{x_0 w}(z) = \int_0^z \frac{dt}{t} \mathrm{Li}_w(t). \qquad (178c)$$

On a alors $\mathrm{Li}_w(z) = \mathrm{Li}_{\mathbf{h}}(z)$, la correspondance entre les deux indexations étant donnée de la façon suivante : $\forall w \in X^*$,

$$w = x_0^{h_1-1} x_1 \ldots x_0^{h_k-1} x_1 \leftrightarrow \mathbf{h} = (h_1, \ldots, h_k). \qquad (179)$$

Cette seconde définition montre qu'il est possible d'appliquer le lemme de Chen, lequel implique les relations suivantes pour tous $u, v \in X^*$:

$$\mathrm{Li}_{u \sqcup v}(z) = \mathrm{Li}_u(z) \, \mathrm{Li}_v(z). \qquad (180)$$

Ces dernières sont intéressantes puisqu'elles font apparaître une structure multiplicative qui n'existe pas au niveau de la fonction ζ. Elles donnent accès à beaucoup de relations entre les valeurs des polyzetas convergents (ceux-ci sont de la forme $\mathrm{Li}_w(1)$).

C'est dans cette optique que nous nous sommes intéressés aux relations existant entre les hyperlogarithmes. Des travaux précédents avaient précisé le comportement de certains cas particuliers :

- indépendance linéaire des polylogarithmes sur $\mathbb{C}$ ([Wec]) ;
- indépendance linéaire des polylogarithmes sur $\mathbb{C}\left[z, \dfrac{1}{z}, \dfrac{1}{1-z}\right]$ ([HMvdHJ00]) ;
- indépendance linéaire des polylogarithmes colorés définis par

$$\mathrm{Li}_{\mathbf{b},\mathbf{s}}(z) = \sum_{n_1 > n_2 > \cdots > n_k > 0} \frac{b_1^{n_1} \ldots b_k^{n_k}}{n_1^{s_1} \ldots n_k^{s_k}} z^{n_1}, \qquad (181)$$

sur $\mathbb{C}\left[z, \dfrac{1}{z}, \left(\dfrac{1}{\rho_i^{-1} - z}\right)_{i=0,\ldots,n-1}\right]$ (où les ρ_i sont les racines $n^{\text{ièmes}}$ de 1 ; [Min04]).
Ces résultats étaient obtenus par étude des propriétés de *monodromie* des fonctions
considérées (pour faire vite, comportement de la fonction (avec prolongement analytique
si nécessaire) lorsque l'on considère ses valeurs sur un chemin tournant autour d'une de
ses singularités).

Cette partie est consacrée à la présentation d'outils permettant d'établir un critère
d'indépendance linéaire pour des fonctions d'un type général qui recouvre le cas des
hyperlogarithmes. Cette étude emploie des méthodes de combinatoire algébrique et non
liées à la monodromie, à la différence donc des travaux mentionnés ci-dessus.

Elle est organisée de la façon suivante : nous commençons par rappeler les anneaux
de germes de fonctions, dont nous avons besoin pour manipuler des fonctions *à domaine variable* ; ensuite, nous construisons quelques exemples de corps de germes ; la
troisième section est consacrée à des théorèmes qui utilisent ces corps de germes et
précisent certaines propriétés des coefficients d'équations différentielles non commutatives du même type que celle que satisfait la série génératrice des hyperlogarithmes et
permettent d'étendre les résultats connus sur les propriétés d'indépendance linéaire des
hyperlogarithmes.

6.2 Définitions

Les théorèmes que nous présentons plus bas donnent des propriétés d'indépendance
linéaire de familles de fonctions sur des corps différentiels de fonctions. La structure de
corps implique qu'il faut savoir inverser toutes les fonctions considérées et pose donc la
question du traitement des singularités.

C'est avec cet objectif que nous considérons des fonctions analytiques à *domaine
variable* : grossièrement, lorsque nous n'avons pas besoin de considérer l'inverse d'une
fonction, nous nous autorisons à travailler sur tout son domaine ; en revanche, lorsqu'il
faut faire intervenir son inverse, nous disposons de tous les outils et structures habi-
tuels sur le domaine $\mathrm{dom}(f) \backslash \mathscr{O}(f)$ ($\mathscr{O}(f)$ représentant l'ensemble des zéros de f) ; de

plus, les fonctions du corps n'ont pas nécessairement les mêmes singularités et donc les mêmes domaines de définition *maximaux* ; nous voulons pouvoir disposer, quel que soit le jeu de fonctions considéré, d'un domaine maximal sur lequel toutes les fonctions sont définies. Plus précisément, cette possibilité nous est offerte par l'introduction de classes d'équivalence de fonctions (ou *germes* de fonctions) définies sur les éléments d'une base de filtre du domaine de base (par exemple $\mathbb{C}$) que nous considérons (pour la relation qui fait appartenir à la même classe deux fonctions égales sur un de ces domaines).

Dans cette section, nous commençons par définir les objets de base (bases de filtre, corps de germes), puis nous présentons la construction de certains de ces corps (cas des polynômes, des fractions rationnelles, des fonctions méromorphes...). Notons que nous utilisons dans toute cette partie la topologie usuelle sur $\mathbb{C}$. La notation $\mathcal{F}(X, \mathbb{C})$ désigne l'ensemble des fonctions à valeurs dans $\mathbb{C}$ dont le domaine de définition est X.

6.2.1 Fonctions à domaine variable

Définition 6.1 *Une* base de filtre $\mathscr{B}$ *de l'ensemble* T *est une famille non vide de sous-ensembles* T_i, $T_i \subset T$, *vérifiant les propriétés suivantes :*
- $\forall i, T_i \neq \emptyset$;
- $\forall T_i, T_j \in \mathscr{B}, \exists T_k \in \mathscr{B}$ *tel que* $T_k \subset T_i \cap T_j$.

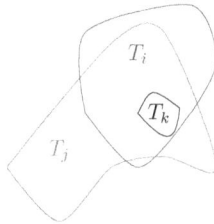

FIGURE 3 – Illustration de la propriété caractéristique d'une base de filtre.

Ajoutons, en vue de l'utilisation que nous ferons des bases de filtre, que celles que nous considérons satisfont l'hypothèse suivante : $\mathscr{B}$ est stable par intersections, c'est-à-dire que $\forall X, Y \in \mathscr{B}, X \cap Y \in \mathscr{B}$. Nous présentons dans la section 14 quelques éléments précisant la relation entre cette définition et celle d'un filtre, notion que l'on rencontre plus fréquemment.

Soit Ω un ouvert de $\mathbb{C}$ et $\mathscr{B}$ une base de filtre d'ouverts de Ω (l'ensemble T de la définition est alors donné par l'ensemble des $U \cap \Omega$ où U est un ouvert quelconque du plan complexe). Désignons par $\mathscr{F}(\mathscr{B}, \mathbb{C})$ l'ensemble

$$\mathscr{F}(\mathscr{B}, \mathbb{C}) = \{ f \in \mathcal{F}(\mathrm{dom}(f), \mathbb{C}) \text{ telle que } \mathrm{dom}(f) \in \mathscr{B} \} \qquad (182)$$

des fonctions dont le domaine de définition est l'un des éléments de $\mathscr{B}$.

Définissons maintenant des lois additive $\hat{+}$ et multiplicative $\hat{*}$ sur $\mathscr{F}(\mathscr{B}, \mathbb{C})$ de la façon suivante :

$$f \hat{+} g \; : \left\{ \begin{array}{ccc} \mathrm{dom}(f) \cap \mathrm{dom}(g) & \to & \mathbb{C} \\ x & \mapsto & f(x) + g(x) \end{array} \right. \qquad (183)$$

et

$$f \hat{*} g \; : \left\{ \begin{array}{ccc} \mathrm{dom}(f) \cap \mathrm{dom}(g) & \to & \mathbb{C} \\ x & \mapsto & f(x) * g(x) \end{array} \right. \qquad (184)$$

L'ensemble $\mathscr{F}(\mathscr{B}, \mathbb{C})$ muni de ces lois n'a pas une structure d'anneau. En effet, il n'y a, dans un anneau, qu'un seul idempotent pour l'addition, 0 ; ce n'est pas le cas ici puisque toutes les fonctions $\mathbb{O}_X$ identiquement nulles sur $X \in \mathscr{B}$ vérifient $\mathbb{O}_X \hat{+} \mathbb{O}_X = \mathbb{O}_X$ (et l'on vérifie aisément que tous les idempotents pour l'addition sont de cette forme).

Afin de donner à $\mathscr{F}(\mathscr{B}, \mathbb{C})$ une structure plus intéressante, il faut remédier à ce problème. Une façon de faire consiste à considérer des classes d'équivalence de fonctions telles que deux fonctions égales sur un ouvert $X \in \mathscr{B}$ appartiennent à la même classe. Dans ce cas, toutes les fonctions égales à zéro sur un des éléments de la base de filtre appartiennent à la même classe et donnent lieu au même idempotent.

C'est pour cela que nous utilisons la relation suivante[3] R_∞ sur $\mathscr{F}(\mathscr{B}, \mathbb{C})$:

$$f \equiv_{R_\infty} g \Leftrightarrow \exists X \in \mathscr{B}, \, \mathrm{dom}(f) \cap \mathrm{dom}(g) \supset X \text{ et } f\big|_X \equiv g\big|_X. \qquad (185)$$

C'est bien une relation d'équivalence :

  – elle est clairement réflexive et symétrique ;
  – si $f\big|_X = g\big|_X$ et $g\big|_Y = h\big|_Y$, alors $f\big|_{X \cap Y} = h\big|_{X \cap Y}$; elle est donc transitive.
Les classes d'équivalence pour cette relation sont appelées *germes de fonctions* par rapport à $\mathscr{B}$.

6.2.2 Anneau de germes

Supposons que nous disposions d'une application $\mathbf{a} \; : \mathscr{B} \to \mathscr{P}(\mathscr{F}(\mathscr{B}, \mathbb{C}))$ telle que, $\forall X \in \mathscr{B}$,

  1. $\mathbf{a}(X) \subset \mathcal{F}(X, \mathbb{C})$;

---

3. Voir [Bou76], V.2.

2. $\mathsf{a}(X)$ est un anneau.

Supposons encore que cette application est compatible avec l'opération de restriction :

$$\text{pour } Y \subset X \left\{ \begin{array}{ccc} \mathcal{F}(X, \mathbb{C}) & \stackrel{\text{res}_{YX}}{\longrightarrow} & \mathcal{F}(Y, \mathbb{C}) \\ f & \mapsto & f\big|_Y, \end{array} \right. \tag{186}$$

c'est-à-dire que, $\forall f \in \mathsf{a}(X)$, $\text{res}_{YX}(f) = f\big|_Y \in \mathsf{a}(Y)$.

Définissons alors l'ensemble

$$\mathcal{A} = \bigcup_{X \in \mathscr{B}} \mathsf{a}(X). \tag{187}$$

Il vérifie le théorème suivant.

Théorème 6.2 *L'ensemble $\mathcal{A}/R_\infty$ est un anneau.*

Preuve : Puisque nous avons choisi une base de filtre stable pour l'intersection, les lois $\hat{+}$ et $\hat{\times}$ définies plus haut sont bien définies sur $\mathcal{A}$.

Ainsi, $(\mathcal{A}, \hat{+})$ est un monoïde additif $((f\hat{+}g)\hat{+}h$ et $f\hat{+}(g\hat{+}h)$ ont toutes deux $\text{dom}(f) \cap \text{dom}(g) \cap \text{dom}(h)$ pour domaine), d'élément neutre $\mathbb{O}_\Omega$ (la classe d'équivalence des fonctions identiquement nulles sur l'un des $X \in \mathscr{B}$). De manière similaire, nous disposons d'un monoïde multiplicatif $(\mathcal{A}, \hat{\times})$ d'élément neutre $\mathbb{I}_\Omega$. De plus, $\hat{\times}$ est distributive à gauche et à droite par rapport $\hat{+}$: il suffit de remarquer que

$$\text{dom}(f) \cap (\text{dom}(g) \cap \text{dom}(h)) = (\text{dom}(f) \cap \text{dom}(g)) \cap (\text{dom}(f) \cap \text{dom}(h)) \tag{188}$$

pour toutes fonctions f, g, h.

Avec ces propriétés, nous disposerions d'un semi-anneau si $\mathbb{O}_\Omega$ était un annulateur pour la multiplication, ce qui n'est pas le cas : en effet,

$$\mathbb{O}_\Omega \hat{\times} f = f \hat{\times} \mathbb{O}_\Omega = \mathbb{O}_{\text{dom}(f)} \tag{189}$$

alors qu'on attend $\mathbb{O}_\Omega$.

Utilisons la relation d'équivalence R_∞ définie plus haut et vérifions que les lois $\hat{+}$ et $\hat{\times}$ sont également bien définies sur le quotient :

$$\text{si } \left. \begin{array}{c} f_1 \equiv_{R_\infty} f_2 \\ g_1 \equiv_{R_\infty} g_2 \end{array} \right\}, \quad f_1\hat{+}g_1 \equiv_{R_\infty} f_2\hat{+}g_2. \tag{190}$$

Sur $\text{dom}(f_1) \cap \text{dom}(f_2) \cap \text{dom}(g_1) \cap \text{dom}(g_2)$, les sommes sont définies et prennent les mêmes valeurs ; la même remarque est valable pour le produit $\hat{\times}$.

De plus, $\mathbb{O}_\Omega$ est bien un élément annulateur dans le quotient :

$$\mathbb{O}_\Omega \hat{\times} f = \mathbb{O}_{\mathrm{dom}(f)} \equiv_{R_\infty} \mathbb{O}_\Omega. \tag{191}$$

Il reste à prouver que $\mathcal{A}/R_\infty$ est un groupe additif. C'est le cas puisque, pour toute fonction f, nous pouvons définir $-f$: $\begin{cases} \mathrm{dom}(f) & \to & \mathbb{C} \\ x & \mapsto & -f(x) \end{cases}$, avec $f \hat{+} (-f) = \mathbb{O}_{\mathrm{dom}(f)} \equiv \mathbb{O}_\Omega$. $\qquad \square$

Note 6.3 *En fait, il est possible de définir $\hat{+}$ et $\hat{*}$ avec une condition moins forte que la stabilité de la base de filtre par intersections. Il suffit de supposer que l'on dispose d'une application*

$$\phi : \begin{cases} \mathcal{B} \times \mathcal{B} & \to & \mathcal{B} \\ (X, Y) & \mapsto & Z \end{cases}. \tag{192}$$

En effet, cette condition donne bien une lieu à une définition unique de l'addition pour le quotient $\mathcal{A}/R_\infty$: soit $f_1 \equiv_{R_\infty} f_2$ et $g_1 \equiv_{R_\infty} g_2$. Il existe donc T_f (resp. T_g) $\in \mathcal{B}$ tel que $\forall x \in T_f$ (resp. T_g), $f_1(x) = f_2(x)$ (resp. $g_1(x) = g_2(x)$). Or $f_1 \hat{+} g_1$ et $f_2 \hat{+} g_2$ sont définies respectivement sur $\phi(\mathrm{dom}(f_1), \mathrm{dom}(g_1))$ et $\phi(\mathrm{dom}(f_2), \mathrm{dom}(g_2))$. Par conséquent, sur

$$\phi \Big(T_f, \phi \big(T_g, \phi(\phi\left[\mathrm{dom}(f_1), \mathrm{dom}(g_1)\right], \phi\left[\mathrm{dom}(f_2), \mathrm{dom}(g_2)\right]) \big) \Big),$$

qui est un élément de $\mathcal{B}$, $f_1 \hat{+} g_1$ et $f_2 \hat{+} g_2$ sont définies et coïncident. Il en va de même pour le produit $\hat{*}$.

6.3   Exemples de corps de germes

6.3.1   Corps de germes

La condition que doit vérifier un anneau de germes pour être un corps est la suivante : pour toute fonction $f \neq \mathbb{O}_{\mathrm{dom}(f)}$, il existe $g \in \mathbf{a}\left(\mathrm{dom}(f) \backslash \mathcal{O}_f\right)$ telle que

$$f \hat{*} g \equiv_{R_\infty} g \hat{*} f \equiv_{R_\infty} \mathbb{I}_\Omega. \tag{193}$$

La difficulté consiste à trouver une base de filtre compatible avec le retrait des zéros de f : $\forall f$ telle que $\mathrm{dom}(f) \in \mathcal{B}$, $\mathrm{dom}(f) \backslash \mathcal{O}_f \in \mathcal{B}$.

Dans la suite, nous exhibons les bases de filtre adaptées à différents cas : fractions rationnelles, fonctions inessentielles en un point, fonctions méromorphes, fonctions avec n singularités.

6.3.2 Fractions rationnelles

Pour les fractions rationnelles sur $\mathbb{C}$, dont nous notons $\mathscr{R}$ l'ensemble, nous choisissons comme base de filtre l'ensemble $\mathscr{B}_1 = \{\mathbb{C}\backslash F\}_F$ pour F une partie finie $\subset \mathbb{C}$. Puisque $(\mathbb{C}\backslash F_1) \cap (\mathbb{C}\backslash F_2) = \mathbb{C}\backslash(F_1 \cup F_2)$ (l'union de deux ensembles finis est finie), cela définit une base de filtre [4].

Si $f \in \mathscr{R}$, $f = \dfrac{P}{Q}$ où P et Q sont deux polynômes dont les ensembles de zéro sont $\mathscr{O}_P$ et $\mathscr{O}_Q$. L'inverse $\dfrac{Q}{P}$ est défini et rationnel sur $\mathbb{C}\backslash\mathscr{O}_P \cap \mathbb{C}\backslash\mathscr{O}_Q \in \mathscr{B}_1$. Ainsi, $\dfrac{1}{f}$ est analytique sur un élément de la base de filtre, ce qui prouve que $\mathscr{R}_\infty = \mathscr{R}/R_\infty$ est un corps de germes.

6.3.3 Fonctions *inessentielles* en z_0

Dans cette section, nous construisons un corps de germes de fonctions inessentielles en z_0, c'est-à-dire de fonctions qui n'ont pas de singularité essentielle (13.2) en z_0.

Soit $z_0 \in \mathbb{C}$. Définissons la base de filtre suivante :

$$\mathscr{B}_{z_0} = \{X \text{ ouvert de } \mathbb{C}, \exists r > 0, \mathcal{B}_r(z_0)\backslash\{z_0\} \subset X\}, \tag{194}$$

($\mathcal{B}_r(z_0)$ désigne la boule ouverte de centre z_0 et de rayon r ; $\mathscr{B}_{z_0}$ est l'ensemble des *voisinages pointés* de z_0 [5]). Pour $X \in \mathscr{B}_{z_0}$, définissons $\mathscr{L}_{z_0}[X]$ comme l'ensemble des fonctions f de X dans $\mathbb{C}$ vérifiant :

i) f est analytique sur $X\backslash\{z_0\}$;

ii) f n'a pas de singularité essentielle en z_0.

Nécessairement, toute fonction f de $\mathscr{L}_{z_0}[X]$ est développable en série de Laurent en z_0 : $\exists N \in \mathbb{N}$ et $R_f > 0$ tels que

$$\forall h, 0 < |h| < R_f, f(z_0 + h) = \sum_{n \geq 0} a_n(f)h^n + \sum_{n=1}^{N} a_{-k}(f)h^{-k}. \tag{195}$$

On montre facilement que $\mathscr{L}_{z_0}[X]$ est un sous-anneau de $\mathcal{F}(X, \mathbb{C})$. En effet, si $f, g \in$

---

4. Généralisation du filtre de Fréchet (voir [Bou71], I.36). Les deux définitions coïncident sur les entiers naturels

5. Signalons l'abus de langage : les voisinages pointés ne sont jamais des voisinages.

$$\mathscr{L}_{z_0}[X],\ f(z_0 + h) = \sum_{k=-N_f}^{\infty} a_k(f)h^k,\ g(z_0 + h) = \sum_{k=-N_g}^{\infty} a_k(g)h^k\ \text{et}$$

$$(f \cdot g)(z_0 + h) = \sum_{k=-(N_f+N_g)}^{\infty} a_k(f \cdot g)h^k \text{ avec } N_f + N_g \in \mathbb{N}. \qquad (196)$$

les coefficients $a_k(f \cdot g)$ étant donnés par

$$a_k(f \cdot g) = \sum_{m=-N_f}^{k+N_g} a_m(f)a_{k-m}(g). \qquad (197)$$

En fait, pour tout $X \in \mathscr{B}_{z_0}$, $\mathscr{L}_{z_0}[X]$ est un corps.

Supposons que $f \in \mathscr{L}_{z_0}[X] \setminus \{\mathbb{O}_X\}$ (où $\mathbb{O}_X$ désigne la fonction identiquement nulle sur X). Notons $\omega(z_0; f)$ l'*ordre* de f en z_0 ($\omega(z_0; f)$ est le plus petit entier relatif $k \in \mathbb{Z}$ tel que $a_k(f)$ est défini et non nul).

Nous devons trouver un élément de $\mathscr{B}_{z_0}$ contenu dans $\text{dom}(f) \setminus \mathscr{O}_f$ (voir 6.3.1) sur lequel $\frac{1}{f}$ est définie et analytique.

Par définition de l'ordre de f en z_0, il existe une fonction f_1 analytique sur tout X avec $f_1(z_0) \neq 0$ telle que $(z - z_0)^{\omega(z_0; f)} f = f_1$. Par définition de l'ordre $\omega(z_0; f)$, $\exists r > r' > 0$ tel que f_1 ne s'annule pas sur $\mathscr{B}_{r'}(z_0)$ (si f_1 s'annulait, il serait possible de factoriser f_1 par $(z - z_0)^p$, $p \in \mathbb{N}$, ce qui contredirait la minimalité de $\omega(z_0; f)$).

Ainsi, f_1 est inversible sur $\mathscr{B}_{r'}(z_0)$; $(z - z_0)^{\omega(z_0; f)}$ est inversible sur $\mathscr{B}_{r'}(z_0) \setminus \{z_0\}$ donc f est inversible sur ce même domaine contenu dans $\text{dom}(f) \setminus \mathscr{O}_f$. De plus, $\mathscr{B}_{r'}(z_0) \in \mathscr{B}_{z_0}$ et est donc un exemple de domaine convenable.

Notons que si f est analytique en z_0 et $f(z_0) \neq 0$, nous pouvons calculer récursivement les coefficients de l'inverse de f, qui est analytique en z_0, grâce à la formule du produit de Cauchy (voir (197)) :

$$\begin{cases} a_0(\frac{1}{f}) = \dfrac{1}{a_0(f)}\ ; \\ a_n(\frac{1}{f}) = -\dfrac{1}{a_0(f)} \displaystyle\sum_{k=1}^{n} a_k(f)a_{n-k}(\frac{1}{f}). \end{cases} \qquad (198)$$

Désignons maintenant par $\mathscr{L}_{z_0}$ l'union des $\mathscr{L}_{z_0}[X]$ pour X un ouvert de $\mathbb{C}$ contenant z_0. Alors $\mathscr{L}_{z_0}/R_\infty$ est un anneau de germes et la remarque précédente nous permet d'affirmer que c'est un corps de germes (dont nous présentons une généralisation dans la section 6.3.5).

6.3.4 Fonctions méromorphes

De manière intuitive, on peut considérer une fonction méromorphe comme le quotient de deux fonctions entières, celle du dénominateur n'étant pas identiquement nulle. La définition précise est la suivante : une fonction f définie sur un ouvert O est méromorphe lorsqu'elle est holomorphe sur O privé d'un ensemble de points isolés qui sont des pôles (d'ordre fini) de cette fonction.

Notons $\mathscr{M}_\Omega$ l'ensemble des fonctions méromorphes sur un ouvert $\Omega \subset \mathbb{C}$. La base de filtre choisie pour les fractions rationnelles ne convient pas. En effet, certaines fonctions méromorphes possèdent un nombre infini de singularités que $\mathscr{B}_1$ ne peut traiter. Par exemple, $\tan(iz) = \dfrac{\sin(iz)}{\cos(iz)}$ est le quotient de deux fonctions entières, mais possède un nombre infini de singularités : les zéros de $\cos(iz)$, $z_k = ik\pi + i\frac{\pi}{2}$.

Pour définir une base de filtre adaptée, il faut en fait travailler avec des *ensembles fermés de points isolés* dont nous précisons certaines propriétés dans la section 13.3.

Soit $\mathscr{B}_2 = \{\Omega \backslash F\}_{F \text{ ensemble fermé de points isolés de } \Omega}$. Pour les fonctions méromorphes

$$\mathsf{a}(X) = \left\{ \frac{f}{g} \text{ où } f, g \text{ sont des fonctions entières sur } X \right\} \tag{199}$$

pour tout $X \in \mathscr{B}_2$, ce qui permet de définir l'ensemble $\mathcal{A}$ correspondant (voir (187) pour la définition des notations).

Théorème 6.4 *Soit Ω un ouvert de $\mathbb{C}$. Alors*

$$\mathcal{A}/R_\infty \text{ est un corps } \Leftrightarrow \Omega \text{ est connexe.} \tag{200}$$

Preuve : Le théorème 6.2 assure que $\mathcal{A}/R_\infty$ est un anneau. Supposons que Ω n'est pas connexe ; alors $\Omega = \Omega_1 \cup \Omega_2$. Dans ce cas, la fonction

$$\phi(z) = \begin{cases} 1 \text{ si } z \in \Omega_1 \text{ ;} \\ 0 \text{ si } z \in \Omega_2 \end{cases} \tag{201}$$

appartient à $\mathsf{a}(\Omega)$. Mais $\dfrac{1}{\phi} \notin \mathcal{A}/R_\infty$ puisque $\operatorname{dom}(\frac{1}{f}) = \Omega_1$. Par conséquent, $\mathcal{A}/R_\infty$ n'est pas un corps.

Réciproquement, si Ω est connexe, soit $\phi \in \mathsf{a}(X)$, avec $X = \Omega \backslash F$, tel que $\phi(z) = \dfrac{f(z)}{g(z)}$ et f, g deux fonctions entières sur X. Alors $\mathscr{O}_f$ est un ensemble fermé de points isolés de Ω et $\Omega \backslash (F \cup \mathscr{O}_f)$ est un élément de $\mathscr{B}_2$ (d'après le lemme 13.5) sur lequel $\dfrac{g(z)}{f(z)}$ est bien défini. $\qquad\square$

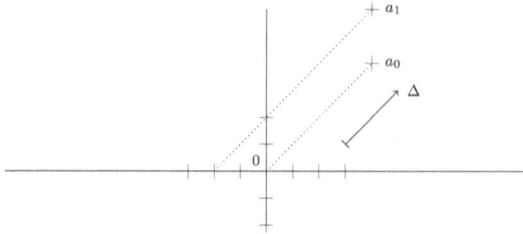

FIGURE 4 – a_0 et a_1 ont la même projection sur l'axe réel parallèlement à $\exp\left(i\dfrac{\pi}{2}\right)$, mais pas suivant Δ qui est donc une direction admissible pour ces deux points.

Note 6.5 *Les corps de germes précédents (et tous ceux que nous emploierons) sont* différentiels : *sur chaque* $\mathtt{a}(X)$, $\dfrac{d}{dz}$ *(la dérivée usuelle) est définie et passe au quotient :*

$$f \equiv_{R_\infty} g \Rightarrow \frac{df}{dz} \equiv_{R_\infty} \frac{dg}{dz}. \tag{202}$$

6.3.5   Fonctions possédant au plus n singularités prédéfinies

Le corps construit dans cette section est, en quelque sorte, une généralisation de celui que nous avons présenté dans la section 6.3.3.

Soit Sing $= \{a_0, \ldots, a_{n-1}\}$ un ensemble de n nombres complexes deux à deux distincts. Appelons *direction admissible* (voir Fig. 4) une direction Δ telle que les projections des a_i sur l'axe réel parallèlement à Δ sont toutes différentes.

Lemme 6.6 *Pour tout ensemble* Sing, *l'ensemble des directions non admissibles est* fini.

En effet, l'ensemble des directions Δ telles que les projections des a_i sur l'axe réel parallèlement à Δ *ne sont pas toutes différentes* (c'est-à-dire, l'ensemble des directions qui *ne sont pas admissibles*) est fini. Notons que ± 1 n'est jamais une direction admissible ; l'ensemble des directions admissibles est donc un sous-ensemble de $\mathbb{U}\backslash\{-1,1\}$.

Donnons maintenant une preuve plus formelle du lemme précédent.

Preuve :

– Si nous considérons deux points a_0 and a_1, une seule direction (en plus de ± 1) n'est pas admissible (voir Fig. 4). Elle est déterminée par

$$\pm \left(\frac{a_1 - a_0}{|a_1 - a_0|} \right). \tag{203}$$

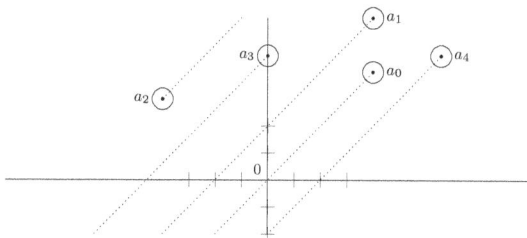

FIGURE 5 – Ouvert Ω.

– Supposons que, étant donnés $a_0, \ldots, a_{n-2}$, $n > 2$, l'ensemble des directions non admissibles est fini ; notons $u_1, \ldots, u_{m(n-2)}$ ces directions. Soit a_{n-1} un point n'appartenant pas à $\{a_0, \ldots, a_{n-2}\}$. L'ensemble des directions qui, potentiellement, ne sont pas admissibles pour le dernier point est donné par $\left\{ \pm \left(\dfrac{a_{n-1} - a_i}{|a_{n-1} - a_i|} \right) \right\}_{[\![0,n-2]\!]}$.
L'ensemble de toutes les directions (potentiellement) non admissibles est donc donné par

$$\mathbb{U} \backslash \left\{ -1, 1, u_1, \ldots, u_{m(n-2)}, \left\{ \pm \left(\frac{a_{n-1} - a_i}{|a_{n-1} - a_i|} \right) \right\}_{[\![0,n-2]\!]} \right\}. \tag{204}$$

C'est un ensemble fini, d'où le résultat. $\qquad\square$

La conséquence de ce résultat est qu'il existe toujours une direction admissible.

Définissons maintenant un ouvert Ω (voir Fig. 5) simplement connexe, contenant un voisinage pointé de chaque a_i et obtenu en coupant le plan complexe à partir de chaque a_i, $i \in [\![0, n-1]\!]$ par une demi-droite parallèle à une direction admissible (les deux sens le long d'une telle direction sont acceptables pour effectuer la coupe).

Soit $\mathfrak{A}$ l'ensemble des fonctions analytiques sur Ω : $\mathfrak{A} = \mathscr{C}^\omega(\Omega, \mathbb{C})$. La base de filtre est définie par

$$\mathscr{B}_{\text{Sing}} = \{\Omega \backslash F\}_{F \subseteq \text{Sing}}. \tag{205}$$

Nous définissons finalement la correspondance a : à chaque X de $\mathscr{B}_{\text{Sing}}$, elle associe l'ensemble $\mathsf{a}(X)$ des fonctions de $\mathfrak{A}$ qui peuvent être prolongées analytiquement à $\Omega \cup \left(\bigcup_{i=0}^{n-1} V_{a_i} \right)$ où V_{a_i} est un voisinage pointé de a_i, puis $\mathcal{A} = \bigcup_{X \in \mathscr{B}_{\text{Sing}}} \mathsf{a}(X)$ que nous notons $\mathscr{L}_{a_0, \ldots, a_{n-1}}$. Alors

Lemme 6.7 *L'ensemble des germes de fonctions de $\mathscr{L}_{a_0, \ldots, a_{n-1}}$ qui n'ont de singularité essentielle en aucun des a_i forme un corps.*

6.4   Coefficients des solutions de certaines équations différentielles non commutatives ([DDMS11])

Dans cette section, X désigne un alphabet et k un corps de caractéristique 0. Considérons, de plus, une *algèbre différentielle commutative* $(\mathcal{A}, \mathrm{d})$, c'est-à-dire une k-algèbre associative, commutative, avec unité, dotée d'une dérivation d (satisfaisant donc $\forall\, a, b \in \mathcal{A}$, $\mathrm{d}(ab) = \mathrm{d}(a)b + a\mathrm{d}(b)$) linéaire $(\mathrm{d}(a+b) = \mathrm{d}(a) + \mathrm{d}(b))$. Ajoutons l'hypothèse suivante : les constantes pour d sont précisément les éléments du corps de base k. On appelle *sous-corps différentiel* un sous-corps $\mathcal{C}$ de $\mathcal{A}$ tel que $\mathrm{d}(\mathcal{C}) \subset \mathcal{C}$.

Il est possible d'étendre d en une dérivation $\mathbf{d}$ sur l'ensemble $\mathcal{A}\langle\langle X \rangle\rangle$ des séries à coefficients dans $\mathcal{A}$ de la façon suivante : pour tout $S \in \mathcal{A}\langle\langle X \rangle\rangle$,

$$\mathbf{d}(S) = \sum_{w \in X^*} \mathrm{d}(\langle S | w \rangle)\, w. \tag{206}$$

6.4.1   Un exemple introductif

Commençons par la présentation d'un exemple illustrant les idées que nous allons développer par la suite. Choisissons un polynôme M de degré 1 (par rapport aux mots de X^* ; cela signifie que les seuls coefficients non nuls de M sont les coefficients des mots de longueur 1), à coefficients dans un ensemble C de fonctions dérivables définies sur $\Omega \subset \mathbb{C}$:

$$M(z) = \sum_{x \in X} u_x(z) x \in C_{=1}\langle X \rangle. \tag{207}$$

Nous nous intéressons aux *équations différentielles non commutatives* de la forme $S'(z) = M(z)S(z)$ où la dérivation porte sur les coefficients de la série S et est effectuée terme à terme (comme précisé dans l'introduction). En écrivant $S(z) = \sum_{w \in X^*} s_w(z) w$, nous avons $S'(z) = \sum_{w \in X^*} s'_w(z) w$ et l'on obtient :

$$\sum_{w \in X^*} s'_w(z) w = \sum_{x \in X} \sum_{w \in X^*} u_x(z) s_w(z)\, xw. \tag{208}$$

Pour simplifier, supposons que $X = \{a, b\}$. Nous obtenons alors la relation suivante :

$$s'_{1_{X^*}} + s'_a a + s'_b b + s'_{aa} aa + \cdots = u_a s_{1_{X^*}} a + u_b s_{1_{X^*}} b + u_a s_a aa + \ldots \tag{209}$$

Par identification terme à terme, elle donne naissance à un système infini d'équations différentielles :

$$s'_{1_{X*}}(z) = 0 \; ;$$
$$s'_a(z) = u_a(z)s_{1_{X*}}(z) \; ;$$
$$s'_b(z) = u_b(z)s_{1_{X*}}(z) \; ;$$
$$s'_{aa}(z) = u_a(z)s_a(z) \; ;$$
$$\vdots$$

(210)

Celui-ci peut-être résolu par substitutions successives des solutions : si l'on se restreint aux *solutions régulières* (*i. e.* telles que $\langle S|1_{X*}\rangle = 1$), on a $s_{1_{X*}}(z) = 1$, solution que l'on peut injecter dans les équations suivantes pour trouver que

$$s_a(z) = \text{cte}_1 + \int_0^z u_a(t)dt, \qquad s_b(z) = \text{cte}_2 + \int_0^z u_b(t)dt. \tag{211}$$

Ces deux solutions peuvent à leur tour être utilisées pour résoudre les équations suivantes. Cela permet de comprendre que les intégrales itérées sont naturellement liées à ce type d'équations différentielles :

$$s_{aa}(z) = \int_0^z u_a(t_0)s_a(t_0)dt_0 \tag{212}$$

fait apparaître l'intégrale $\int_0^z u_a(t_1)dt_1 \int_0^{t_1} u_a(t_0)dt_0$.

L'existence de relations entre les coefficients des solutions d'une telle équation est la principale propriété à laquelle nous nous intéressons par la suite. L'exemple suivant montre que certains choix des u_x donnent lieu à de telles relations. Supposons que M est déterminé par

$$u_a(z) = 1, \qquad u_b(z) = \frac{1}{z}. \tag{213}$$

On a alors

$$s_{1_{X*}}(z) = 1 \; ;$$
$$s'_a(z) = 1 \text{ d'où } s_a(z) = \text{cte}_1 + \int_0^z u_a(t)s_{1_{X*}}(t)dt = z \; ;$$
$$s'_{ba}(z) = \frac{1}{z}s_a(z) \text{ d'où } s_{ba}(z) = \text{cte}_2 + \int_0^z dt = z$$

(214)

(en supposant, pour simplifier, que l'on peut procéder au bon choix des constantes). Le même calcul implique que toutes les fonctions $s_{b^k a}(z)$, $k \in \mathbb{N}$, sont identiques. Le principal résultat présenté dans cette section consiste en un critère permettant d'assurer qu'il n'y a pas de relation entre les coefficients d'une solution d'une équation différentielle de ce type.

6.4.2   Équations différentielles et série génératrice des hyperlogarithmes

Comme les polylogarithmes, les hyperlogarithmes peuvent être encodés par des mots. Soit u_i, $i = 1, 2, \ldots$ des fonctions en aussi grand nombre que les lettres de X. Définissons les intégrales itérées suivantes :

$$\alpha_{z_0}^z(1_{X^*}) = 1 \; ; \tag{215a}$$

$$\alpha_{z_0}^z(x_i) = \int_{z_0}^z u_i(s)ds, \; x_i \in X \; ; \tag{215b}$$

$$\alpha_{z_0}^z(x_i w) = \int_{z_0}^z u_i(s)ds \, \alpha_{z_0}^s(w), \; x_i \in X, \; w \in X^*. \tag{215c}$$

Avec ces définitions, en faisant correspondre à chaque lettre x_i la fonction $u_i(z) = \dfrac{1}{z - a_i}$, on a (*cf.* (175))

$$\alpha_{z_0}^z(x_{j_0} \ldots x_{j_n}) = L(a_{j_n}, \ldots, a_{j_0} | z, z_0).$$

De plus, notons C l'ensemble des fonctions analytiques sur $\mathbb{C} \backslash \{a_i\}_i$ (munie de la dérivation usuelle, cette algèbre est une algèbre différentielle) et $L(z)$ la série génératrice des hyperlogarithmes :

$$L(z) \; := \sum_{w \in X^*} \alpha_{z_0}^z(w)w.$$

Elle appartient à $C\langle\langle X \rangle\rangle$, c'est-à-dire aux séries (non-commutatives) à coefficients dans C.

Notons encore $C_{\geq 1}\langle\langle X \rangle\rangle$ l'ensemble des séries (non-commutatives) S à coefficients dans C telles que $\langle S | 1_{X^*} \rangle = 0$, *i.e.* l'ensemble des séries à terme constant nul.

De manière générale, si $M \in C_{\geq 1}\langle\langle X \rangle\rangle$ et $z_0 \in \mathbb{C}$, définissons un *intégrateur* H_{z_0} par :

$$H_{z_0} : \left\{ \begin{array}{ccc} C\langle\langle X \rangle\rangle & \rightarrow & C_{\geq 1}\langle\langle X \rangle\rangle \\ G & \mapsto & H_{z_0}[G] = \displaystyle\int_{z_0}^z M(s)G(s)ds \end{array} \right. \tag{216}$$

où l'intégrale, comme la dérivation, est définie terme à terme :

$$\int_{z_0}^z T(s)ds = \sum_{w \in X^*} \left(\int_{z_0}^z \langle T | w \rangle ds \right) w, \quad \forall T \in C\langle\langle X \rangle\rangle. \tag{217}$$

Notons que H_{z_0} est bien à valeur dans $C_{\geq 1}\langle\langle X \rangle\rangle$ du fait de la multiplication dans l'intégrande par M, série dont le terme constant est nul.

Avec ces définitions, la dérivation est l'inverse à gauche de cette opération d'intégration : $\mathbf{d}\left(\displaystyle\int_{z_0}^z T(s)ds \right) = T$.

Puisque H_{z_0} est un endomorphisme de $C\langle\langle X\rangle\rangle$, nous pouvons considérer ses puissances. De plus, puisque $H_{z_0}^n[G] \in C_{\geq n}\langle\langle X\rangle\rangle$, pour tout $w \in X^*$, le support de la suite $\left(\langle\sum_{n=0}^N H_{z_0}^n[G]\,|w\rangle\right)_N$ est fini (les termes non nuls sont obtenus pour $N \leq |w|$). La famille $\left(\sum_{n=0}^N H_{z_0}^n[G]\right)_N$ est donc *sommable*, ce qui autorise la définition de sa somme $\langle\sum_{n\geq 0} H_{z_0}^n[G]\,|w\rangle$ que l'on notera $H_{z_0}^\star[G]$ (ceci étant valable pour toute série $G \in C\langle\langle X\rangle\rangle$, nous venons de définir un endomorphisme $H_{z_0}^\star$).

Il est clair (considérer la définition de $H_{z_0}^\star$ comme une série) que

$$H_{z_0}^\star = 1 + H_{z_0} H_{z_0}^\star. \tag{218}$$

Appliquons cette relation à G puis dérivons le résultat :

$$\mathbf{d}\left(H_{z_0}^\star[G]\right) = \mathbf{d}\left(G + H_{z_0}\left(H_{z_0}^\star[G]\right)\right) = \mathbf{d}G + M H_{z_0}^\star[G]. \tag{219}$$

Si G est telle que $\mathbf{d}G = 0$, nous obtenons l'*équation différentielle non-commutative* suivante :

$$\mathbf{d}\left(H_{z_0}^\star[G]\right) = M H_{z_0}^\star[G]. \tag{220}$$

Or la série génératrice des polylogarithmes entrent précisément dans ce cadre. En effet, avec $M = \sum_{x_i \in X} \frac{1}{z - a_i} x_i$, qui est une série de terme constant nul, on a

$$H_{z_0}^\star[1] = L(z). \tag{221}$$

C'est pourquoi nous nous intéressons, dans la suite, aux solutions de ce type d'équations différentielles et, plus particulièrement, aux propriétés de leurs coefficients : si L appartient aux cas acceptables, nous obtiendrons des précisions sur les relations entre ses coefficients, les hyperlogarithmes.

6.4.3   Théorème général

Après avoir défini et illustré les objets nécessaires, nous pouvons présenter les théorèmes relatifs aux propriétés des coefficients de séries satisfaisant certaines équations différentielles non commutatives.

Dans cette section et dans la suivante, X est équipé d'un bon ordre $<$ (si $(X, <)$ est un ensemble ordonné, $<$ est un *bon ordre* si toute partie non vide de X possède un plus petit élément) et X^* par l'ordre lexicographique $\prec$ défini par

$$u \prec v \Longleftrightarrow |u| < |v| \text{ ou } (u = pxs_1 \ , \ v = pys_2 \text{ et } x < y). \tag{222}$$

Il est facile de vérifier que $\prec$ est aussi un bon ordre.

Choisissons une série M homogène de degré 1 (c'est-à-dire une combinaison linéaire de lettres; M est un polynôme dans le cas d'un alphabet fini) à coefficients dans un sous-corps différentiel $\mathcal{C}$ de $\mathcal{A}$:

$$M = \sum_{x \in X} u_x x \in \mathcal{C}\langle\langle X \rangle\rangle. \tag{223}$$

Le théorème suivant précise les propriétés des coefficients des solutions régulières de certaines équations différentielles non-commutatives.

Théorème 6.8 *[DDMS11] Soit $S \in \mathcal{A}\langle\langle X \rangle\rangle$ une solution de l'équation différentielle*

$$\mathbf{d}(S) = MS \ ; \ \langle S | 1_{X^*} \rangle = 1. \tag{224}$$

Les conditions suivantes sont équivalentes :

i) la famille $(\langle S | w \rangle)_{w \in X^*}$ des coefficients de S est linéairement indépendante sur $\mathcal{C}$.

ii) la famille des coefficients $(\langle S | y \rangle)_{y \in X \cup \{1_{X^*}\}}$ est linéairement indépendante sur $\mathcal{C}$.

iii) la famille $(u_x)_{x \in X}$ est telle que, pour $f \in \mathcal{C}$ et $\alpha_x \in k$

$$\mathbf{d}(f) = \sum_{x \in X} \alpha_x u_x \Longrightarrow (\forall x \in X)(\alpha_x = 0). \tag{225}$$

Note 6.9   – *La propriété iii) peut être reformulée comme suit : la famille $(u_x)_{x \in X}$ est linéairement indépendante sur k et*

$$\mathbf{d}(\mathcal{C}) \cap \mathrm{Vec}_k\Big((u_x)_{x \in X}\Big) = \{0\}. \tag{226}$$

– *La conséquence la plus importante de ce théorème du point de vue des relations entre les coefficients de la série solution de l'équation différentielle est le fait qu'il ramène l'étude de l'indépendance linéaire de tous les coefficients à l'étude des propriétés des coefficients du mot vide et des mots de longueur 1 (les lettres), c'est-à-dire, dans le cas d'un alphabet fini, à l'étude d'un nombre fini de relations testables numériquement par exemple.*

Preuve : $(i) \Longrightarrow (ii)$ Évident (par inclusion).

$(ii) \Longrightarrow (iii)$ Soit S une solution régulière de l'équation différentielle telle que la famille

$((\langle S|x\rangle)_{x\in X\cup\{1_{X^*}\}}$ des coefficients de S sur les mots de longueur 1 et sur le mot vide soit libre sur $\mathcal{C}$.

Supposons que $f\in\mathcal{C}$ soit telle que :

$$d(f) = \sum_{x\in X}\alpha_x u_x, \quad \alpha_x \in k. \tag{227}$$

Montrons que tous les α_x sont nuls.

Soit $P := -f1_{X^*} + \sum_{x\in X}\alpha_x x$. D'une part, $\mathbf{d}(P) = -d(f)1_{X^*}$ car $\alpha_x \in k$; d'autre part, nous avons successivement :

$$d(\langle S|P\rangle) = \langle\mathbf{d}(S)|P\rangle + \langle S|\mathbf{d}(P)\rangle \tag{228}$$

à cause de la règle de Leibniz, puis

$$d(\langle S|P\rangle) = \langle MS|P\rangle - d(f)\langle S|1_{X^*}\rangle \tag{229}$$

à cause de (224). Or, $\langle MS|P\rangle = -f\langle MS|1_{X^*}\rangle + \sum_{x\in X}\alpha_x\langle MS|x\rangle = 0 + \sum_{x\in X}\alpha_x u_x$ donc

$$d(\langle S|P\rangle) = (\sum_{x\in X}\alpha_x u_x) - d(f) = 0 \tag{230}$$

(voir (227)).

Par conséquent, $\langle S|P\rangle$ est une constante que nous noterons $\lambda\in k$. Si $Q = P - \lambda.1_{X^*}$,

$$\text{supp}(Q) \subset X \cup \{1_{X^*}\} \text{ et } \langle S|Q\rangle = \langle S|P\rangle - \lambda\langle S|1_{X^*}\rangle = \langle S|P\rangle - \lambda = 0.$$

Ainsi, puisque la famille $((\langle S|x\rangle)_{x\in X\cup\{1_{X^*}\}}$ est linéairement indépendante, $Q = 0$ et, puisque $Q = -(f+\lambda)1_{X^*} + \sum_{x\in X}\alpha_x x$, tous les α_x sont nuls.

$(iii) \Longrightarrow (i)$ Supposons que, pour toute fonction $f\in\mathcal{C}$ telle que $d(f) = \sum_{x\in X}\alpha_x u_x$, $\alpha_x \in k$, tous les α_x sont nuls. Montrons que la famille des $\langle S|w\rangle$, $w\in X^*$, est libre.

Remarquons que toute *relation de liaison* $\sum_w \alpha_w\langle S|w\rangle = 0$ entre les coefficients de S est équivalente à l'annulation de $\langle S|P\rangle$ avec $P = \sum_w \alpha_w w$.

Soit $\mathcal{K}$ le noyau de $P \mapsto \langle S|P\rangle$ (considéré comme une forme linéaire $\mathcal{C}\langle X\rangle \to \mathcal{C}$), c'est-à-dire

$$\mathcal{K} = \{P\in\mathcal{C}\langle X\rangle, \quad \langle S|P\rangle = 0\}. \tag{231}$$

La propriété (i) est équivalente à $\mathcal{K} = \{0\}$. Supposons que $\mathcal{K} \neq \{0\}$. Pour tout polynôme non nul P, $\max_{\prec}(P)$ désigne son monôme dominant (dont l'existence est assurée puisque

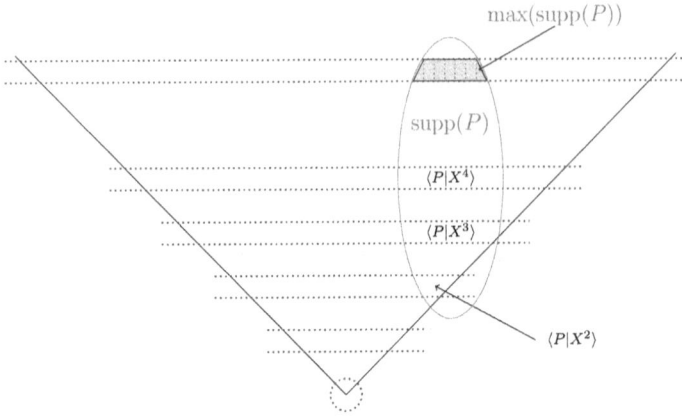

FIGURE 6 – Illustration de $\max_\prec(P)$

nous disposons d'un bon ordre $\prec$), c'est-à-dire le plus grand élément de son support $\mathrm{supp}(P)$. De plus, $\deg(P) = |\max_\prec(P)|$.

Puisque $\mathcal{R} = \mathcal{K} - \{0\}$ n'est pas vide, notons

$$w_0 = \min\left(\max_\prec(T)\right)_{T \in \mathcal{R}}$$

(le plus petit des monômes dominants des polynômes qui annulent S) puis choisissons $P \in \mathcal{R}$ tel que $\max_\prec(P) = w_0$. Nous pouvons écrire

$$P = f w_0 + \sum_{u \prec w_0} \langle P|u \rangle u \; ; \; f \in \mathcal{C} \backslash \{0\}. \tag{232}$$

Cette situation est illustrée par la figure 6 :

Puisque $f \in \mathcal{C} \backslash \{0\}$ et que $\mathcal{C}$ est un corps, $\dfrac{1}{f}$ est bien définie. Le polynôme $Q = \dfrac{1}{f}P$ appartient aussi à $\mathcal{R}$ avec le même monôme dominant mais un coefficient dominant égal à 1. Ainsi, Q est donné par

$$Q = w_0 + \sum_{u \prec w_0} \langle Q|u \rangle u. \tag{233}$$

Avant d'aller plus loin, introduisons l'opérateur $M^\dagger$. C'est un endomorphisme de l'espace des séries défini formellement comme l'adjoint de la multiplication à gauche par M, c'est-à-dire

$$\langle MS|Q \rangle = \langle S|M^\dagger Q \rangle. \tag{234}$$

On peut le calculer via les $x^\dagger$ $(M^\dagger = \sum_{x \in X} u_x x^\dagger)$ dont la définition est très simple : pour tout $v \in X^*$

$$x^\dagger v = \begin{cases} 0 \text{ si } v \text{ ne commence pas par } x \text{ ;} \\ u \text{ si } v = xu. \end{cases} \tag{235}$$

Avec cette définition, en dérivant $\langle S|Q \rangle = 0$, nous obtenons

$$\begin{aligned} 0 &= \langle \mathbf{d}(S)|Q \rangle + \langle S|\mathbf{d}(Q) \rangle \\ &= \langle MS|Q \rangle + \langle S|\mathbf{d}(Q) \rangle \\ &= \langle S|M^\dagger Q \rangle + \langle S|\mathbf{d}(Q) \rangle \\ &= \langle S|M^\dagger Q + \mathbf{d}(Q) \rangle \end{aligned} \tag{236}$$

avec

$$M^\dagger Q + \mathbf{d}(Q) = \sum_{x \in X} u_x(x^\dagger Q) + \sum_{u \prec w_0} \mathbf{d}(\langle Q|u \rangle)u \in \mathcal{C}\langle X \rangle. \tag{237}$$

Il n'est pas possible que $M^\dagger Q + \mathbf{d}(Q) \in \mathcal{R}$ parce que son monôme dominant serait strictement plus petit que w_0 ; nécessairement, $M^\dagger Q + \mathbf{d}(Q) = 0$. C'est équivalent à la relation de récurrence suivante :

$$\mathbf{d}(\langle Q|w \rangle) = -\sum_{x \in X} u_x \langle Q|xw \rangle, \text{ pour } w \in X^*. \tag{238}$$

De cette dernière relation, nous déduisons que $\langle Q|w \rangle \in k$ pour tout w de longueur $\deg(Q)$. Or, puisque $\langle S|1_{X^*} \rangle = 1$, on doit avoir $\deg(Q) > 0$ (sinon, $Q = 1_{X^*}$ et $\langle S|Q \rangle = 1$ et non 0). Puisque $|w_0| = \deg(Q) > 1$, nous pouvons écrire $w_0 = x_0 v$. Calculons alors le coefficient de v :

$$\mathbf{d}(\langle Q|v \rangle) = -\sum_{x \in X} u_x \langle Q|xv \rangle = \sum_{x \in X} \alpha_x u_x \tag{239}$$

avec des coefficients $\alpha_x = -\langle Q|xv \rangle \in k$ car $|xv| = \deg(Q)$ pour tout $x \in X$. La condition (225) implique que tous les coefficients $\langle Q|xv \rangle$ sont nuls ; en particulier, comme $\langle Q|x_0 v \rangle = 1$, nous obtenons une contradiction. Ceci prouve que $\mathcal{K} = \{0\}$. $\quad\square$

6.4.4 Application aux hyperlogarithmes

Dans cette section, le but est de nous rapprocher des coefficients du multiplicateur M intervenant dans l'équation différentielle relative aux hyperlogarithmes, coefficients (en fait des fonctions) de la forme $\dfrac{1}{z - a_i}$.

Pour cela, considérons un sous-ensemble V ouvert, non vide et simplement connexe de $\mathbb{C}\backslash\{a_1, \cdots a_n\}$ (en supposant que les a_i sont tous distincts) ; $\mathcal{C}$ est un corps différentiel de germes (comme défini dans la section 6.2) de fonctions définies sur les éléments d'une base de filtre $\mathcal{B}$ de V.

Nous supposons, de plus, que $\mathcal{C}$ ne contient de combinaison linéaire des logarithmes sur aucun domaine mais qu'il contient z et les constantes. Un exemple d'un tel corps est donné par l'ensemble $\mathscr{R}_\infty$ de fractions rationnelles défini dans la section 6.3.2. Ajoutons une suite de complexes λ_i, $i = 1, \ldots, n$, tous non nuls.

Théorème 6.10 *[DDMS11] Soit* $M = \displaystyle\sum_{i=1}^{n} \frac{\lambda_i}{z - a_i} x_i$ *et* S *une solution régulière (c'est-à-dire telle que* $\langle S | 1_{X^*} \rangle = 1$*) de*

$$\frac{d}{dz} S = MS. \tag{240}$$

Si $U \in \mathcal{B}$ *et* $P \in \mathcal{C}[U]\langle X \rangle$, *alors*

$$\langle S | P \rangle = 0 \Longrightarrow P = 0 \tag{241}$$

ce qui signifie qu'il n'existe pas de relation linéaire entre les coefficients de S.

Corollaire 6.11 *Le choix de* $\lambda_i = 1$ *pour tout* i *implique l'indépendance linéaire des hyperlogarithmes sur* $\mathcal{C}$.

Preuve : L'idée générale de la preuve est de montrer que si $\langle Q | P \rangle = 0$ pour un certain polynôme P, alors tous les coefficients de P sont des combinaisons linéaires de logarithmes, lesquelles sont nulles par hypothèse.

Soit $U \in \mathcal{B}$. Pour tout $Q \in \mathcal{C}[U]\langle X \rangle$ non nul, notons $\max_\prec(Q)$ le plus grand mot dans le support de Q pour $\prec$. Nous dirons que Q est *monique* si le coefficient dominant $\langle Q | \max_\prec(Q) \rangle$ est égal à 1. Un polynôme monique est donné par

$$Q = w + \sum_{u \prec w} \langle Q | u \rangle u. \tag{242}$$

Supposons maintenant qu'il soit possible de trouver $U \in \mathcal{B}$ et $P \in \mathcal{C}[U]\langle X \rangle$ (non nécessairement monique) tels que $\langle S | P \rangle = 0$; choisissons P tel que $\max_\prec(P)$ soit minimal pour $\prec$.

Alors

$$P = f(z) w + \sum_{u \prec w} \langle P | u \rangle u \tag{243}$$

avec $f \not\equiv 0$ (soulignons que les coefficients de P sont des germes de fonctions, d'où la notation $\not\equiv$; si $f \equiv 0$, alors $w \neq \max_\prec(P)$). Définissons U_1 par $U_1 = U \setminus \mathscr{O}_f \in \mathcal{B}$. Alors $Q = \dfrac{1}{f(z)} P \in \mathcal{C}[U_1]\langle X \rangle$ est monique, a le même monôme dominant que P et vérifie

$$\langle S | Q \rangle = 0. \tag{244}$$

En dérivant l'équation (244), nous obtenons

$$0 = \langle S'|Q\rangle + \langle S|Q'\rangle = \langle MS|Q\rangle + \langle S|Q'\rangle = \langle S|Q' + M^\dagger Q\rangle \qquad (245)$$

par définition de $M^\dagger$.

Remarquons que

$$Q' + M^\dagger Q \in \mathcal{C}[U_1]\langle X\rangle. \qquad (246)$$

De plus, $\max_\prec(Q' + M^\dagger Q) \not\succ \max_\prec(Q) = \max_\prec(P)$; si $Q' + M^\dagger Q \neq 0$, nous trouvons une contradiction avec la minimalité de $\max_\prec(P)$. Nécessairement, $Q' + M^\dagger Q = 0$. Avec $|w| = n$, nous notons

$$Q = Q_n + \sum_{|u|<n} \langle Q|u\rangle u \qquad (247)$$

où $Q_n = \sum_{|u|=n} \langle Q|u\rangle u$ est la composante homogène dominante de Q. Pour tout u de longueur n, nous avons

$$(\langle Q|u\rangle)' = -\langle M^\dagger Q|u\rangle = -\langle Q|Mu\rangle = 0 \qquad (248)$$

puisque les mots qui apparaissent dans Mu sont de longueur $n + 1$ et que les mots figurant dans le support de Q ont une longueur inférieure ou égale à n. Ainsi, tous les coefficients de Q_n sont constants.

Si $n = 0$, $Q \neq 0$ est constant, *i.e.* $Q = \alpha 1_{x^*}$, avec $\alpha \in \mathbb{C}\setminus\{0\}$. Ce n'est pas possible à cause de l'équation (244) et parce que S est régulière. En effet, $\langle S|Q\rangle = \alpha\langle S|1_{X^*}\rangle = 0$. Nécessairement, $Q = 0$.

Si $n > 0$, pour tout mot v de longueur $|v| = n - 1$, nous avons

$$\begin{aligned}
(\langle Q|v\rangle)' &= -\langle M^\dagger Q|v\rangle = -\langle Q|Mv\rangle \\
&= -\sum_{i=0}^{n} \frac{\lambda_i}{z - a_i}\langle Q|x_i v\rangle = -\sum_{i=0}^{n} \frac{\lambda_i}{z - a_i}\langle Q_n|x_i v\rangle
\end{aligned} \qquad (249)$$

parce que tous les $x_i v$ sont de longueur n.

En intégrant, nous trouvons que

$$\langle Q|v\rangle = -\sum_{i=0}^{n} \langle Q_n|x_i v\rangle \int_\alpha^z \frac{\lambda_i}{s - a_i}ds + const. \qquad (250)$$

Or :
- toutes les fonctions $\displaystyle\int_\alpha^z \frac{\lambda_i}{s - a_i}ds$ sont linéairement indépendantes sur $\mathbb{C}$;
- les scalaires $\langle Q_n|x_i v\rangle$ ne sont pas tous nuls (écrire $w = x_k v$ et choisir v correspon-

dant) ;

  – $\langle Q|v \rangle \in \mathcal{C}[U_1]$.

Cela signifie que $\langle Q|v \rangle$ est une combinaison linéaire de logarithmes appartenant à $\mathcal{C}$, mais ceci est impossible par hypothèse donc $\langle Q|v \rangle = 0$. À nouveau, $Q = 0$.

Dans les deux cas, puisque Q est nul, $P = 0$. $\square$

Donnons, pour finir, un théorème prouvant l'indépendance linéaire des hyperlogarithmes sur l'un des exemples effectifs de corps de germes que nous avons construits. Nous reprenons en fait l'exemple des toujours dans le cas des fonctions inessentielles mais en utilisant une autre preuve utilisant la condition *iii)* du théorème 6.8.

Remarque 6.12 *Il est peut-être nécessaire de revenir sur la définition de l'indépendance linéaire : la famille (infinie) de fonctions $(\langle S|w \rangle)_{w \in X^*}$ est linéairement indépendante sur le corps $\mathcal{C}$ si toutes ses sous-familles finies le sont, c'est-à-dire si toutes les combinaisons linéaires nulles des $\langle S|w \rangle$, à support fini et à coefficients dans $\mathcal{C}$ possèdent des coefficients tous nuls : pour toute famille $(c_w)_{w \in X^*}$ à support fini d'éléments de $\mathcal{C}$*

$$\sum_{w \in X^*} c_w \langle S|w \rangle = 0 \Rightarrow c_w = 0, \quad \forall w \in X^*. \tag{251}$$

Il faut s'assurer que la somme qui apparaît dans la partie gauche de l'équation précédente est bien définie. C'est le cas puisque les sommes à support fini d'éléments de $\mathcal{C}$ sont bien définies sur l'intersection des domaines de définition de chacun de leurs éléments, de même que les $\langle S|w \rangle$.

Théorème 6.13 *Étant donnés des points $a_1, \ldots, a_n \in \mathbb{C}$, la famille des hyperlogarithmes dont les singularités sont choisies parmi les a_i est libre sur le corps $\mathscr{L}_{a_1, \ldots, a_n}$ (défini dans la section 6.3.5) de germes de fonctions qui ne sont essentielles en aucun des points $\{a_1, \ldots, a_n\}$.*

Preuve : Avec Sing $= \{a_1, \ldots a_n\}$, construisons Ω suivant la méthode décrite dans la section 6.3.5 par coupes successives dans le plan complexe. Alors $\mathcal{A} = \mathscr{C}^\omega(\mathscr{B}_{\mathrm{Sing}}, \mathbb{C})$ (voir (205) pour la définition de $\mathscr{B}_{\mathrm{Sing}}$) ; $\mathcal{A}$ est une algèbre différentielle et $\mathscr{L} = \mathscr{L}_{a_1, \ldots, a_n}$ un sous-corps différentiel : $\dfrac{d}{dz}(\mathscr{L}) = \mathscr{L}$.

Montrons maintenant que la condition *iii)* du théorème 6.8 est vérifiée. Soit $f \in \mathscr{L}$ et une famille $\alpha_i \in C$ telle que

$$\frac{d}{dz}(f)(s) = \sum_{i=1}^n \alpha_i \frac{\lambda_i}{s - a_i}. \tag{252}$$

Montrons que, $\forall i$, $\alpha_i = 0$.

Nous avons

$$f(a_i + h) = \sum_{k=-N_i}^{\infty} a_k(f)h^k \tag{253}$$

et

$$\frac{d}{dz}(f)(a_i + h) = \sum_{k=-N_i}^{-1} a_k^i(f)kh^{k-1} + \sum_{k=1}^{\infty} a_k^i(f)kh^{h-1}. \tag{254}$$

L'unicité du développement en série de $d(f)$ en chaque point a_i implique que

$$\sum_{i=1}^{n} \alpha_i \frac{\lambda_i}{s - a_i} = 0. \tag{255}$$

Par conséquent, $\forall i$, $\alpha_i = 0$.

L'équivalence des autres conditions implique l'indépendance linéaire des hyperlogarithmes sur $\mathscr{L}_{a_1,\dots,a_n}$. $\qquad\square$

7 Factorisation de Schützenberger et bases de l'algèbre libre

7.1 Introduction

Si $(P_\alpha)_{\alpha \in \mathbb{N}^{(I)}}$ est une base d'une algèbre enveloppante $\mathcal{U}(\mathfrak{g})$ et $(S_\alpha)_{\alpha \in \mathbb{N}^{(I)}}$ une base de l'algèbre duale $\mathcal{U}^*(\mathfrak{g})$, la factorisation de Schützenberger

$$\sum_{\alpha \in \mathbb{N}^{(I)}} S_\alpha \otimes P_\alpha = \overrightarrow{\prod_{i \in I}} e^{S_{e_i} \otimes P_{e_i}} \tag{256}$$

(où la flèche surmontant le symbole de produit signifie que les éléments sont multipliés suivant l'ordre défini sur I) peut être écrite sous réserve que certaines conditions que nous présenterons plus bas soient vérifiées. En particulier, C. Reutenauer a montré que cette relation est valable dans toute algèbre enveloppante [Reu93].

Cette factorisation compte plusieurs applications, parmi lesquelles nous trouvons le domaine des équations différentielles non linéaires, dans lequel elle apparaît en tant que factorisation d'opérateurs de transport, et le domaine, plus proche de cette thèse, de la renormalisation des *polyzetas divergents* ([Min09]).

Elle est une conséquence des propriétés des deux bases en dualité. Dans bien des cas, la construction d'une paire de bases en dualité passe par celle d'une base duale à partir d'une base dont on connaît certaines propriétés. Nous nous proposons donc d'étudier les conditions que doit satisfaire la base dont nous partons de sorte que la base duale permette l'écriture de la factorisation. Nous illustrerons ces idées sur des exemples combinatoires (relatifs à l'algèbre libre (partiellement commutative)).

7.2 Résultats connus

Dans toute cette partie, k est un corps de caractéristique nulle et I un ensemble ordonné par $<$.

7.2.1 Notations - Définitions

Notons $\mathbb{N}^{(I)}$ l'ensemble des fonctions à support fini de I dans $\mathbb{N}$. C'est un monoïde (le monoïde commutatif librement engendré par I) pour la loi $+$ définie par

$$(\alpha + \beta)_i = \alpha_i + \beta_i, \quad \forall \alpha, \beta \in \mathbb{N}^{(I)}. \tag{257}$$

De plus, si $\alpha \in \mathbb{N}^{(I)}$, nous définissons $\alpha!$ par $\alpha! = \displaystyle\prod_{i \in \mathrm{supp}(\alpha)} \alpha_i!$.

La base canonique [6] de $\mathbb{N}^{(I)}$ est donnée par les fonctions s'annulant sur $I \setminus \{i_0\}$ et prenant la valeur 1 en i_0 ; ces fonctions sont notées $e_{i_0} : e_{i_0}(i) = \delta_{i i_0}$.

Maintenant, si $\mathcal{A}$ une algèbre, $Y = (y_i)_{i \in I}$ une famille totalement ordonnée de $\mathcal{A}$ et $\alpha \in \mathbb{N}^{(I)}$,

$$Y^\alpha := y_{i_1}^{\alpha_{i_1}} y_{i_2}^{\alpha_{i_2}} \cdots y_{i_k}^{\alpha_{i_k}} \tag{258}$$

pour tout sous-ensemble $J = \{i_1, i_2 \cdots i_k\}$, $i_1 > i_2 > \cdots > i_k$, de I contenant le support de α (on montre facilement que la valeur de Y^α est indépendante du choix de $J \supset \mathrm{supp}(\alpha)$ si l'algèbre possède une unité).

En particulier, $Y^{e_i} = y_i$. Nous appellerons *éléments atomiques* d'une famille $(Y^\alpha)_{\alpha \in \mathbb{N}^{(I)}}$ les éléments Y^{e_i}, $i \in I$.

Dans ce qui suit, nous nous intéressons à des familles définies par dualité : si l'on dispose d'une famille $(B_\alpha)_{\alpha \in \mathbb{N}^{(I)}}$ et d'un produit scalaire $\langle \cdot | \cdot \rangle$, on peut définir une famille duale $(S_\alpha)_{\alpha \in \mathbb{N}^{(I)}}$ par

$$\langle S_\alpha | B_\beta \rangle = \delta_{\alpha \beta}, \quad \forall \alpha, \beta \in \mathbb{N}^{(I)}. \tag{259}$$

Dans cette famille se trouvent des éléments atomiques S_{e_i}, $i \in I$. Avec eux, nous pouvons

---

6. En fait, $\mathbb{N}^{(I)}$ n'est pas un espace vectoriel. La famille que nous définissons est celle des *générateurs libres*.

construire des produits de la forme (258) :

$$S^\alpha = \overset{\rightarrow}{\prod_{i \in I}} S_{e_i}^{\alpha_i} \qquad (260)$$

(le produit est bien défini puisque le support de α est fini). Bien sûr, $S^{e_i} = S_{e_i}$ pour tout i. Dans toute la suite, les exposants désignent donc des éléments obtenus par produit d'éléments atomiques et les indices des éléments obtenus par dualité.

7.2.2 Théorème de factorisation

Soit $\mathfrak{g}$ une algèbre de Lie sur k et $B = (b_i)_{i \in I}$ une base ordonnée de $\mathfrak{g}$.

Théorème 7.1 Poincaré-Birkhoff-Witt : *Les éléments B^α, pour $\alpha \in \mathbb{N}^{(I)}$, forment une base de l'algèbre enveloppante $\mathcal{U}(\mathfrak{g})$ de $\mathfrak{g}$.*

La base formée par les B^α, pour $\alpha \in \mathbb{N}^{(I)}$, est appelée *base de Poincaré-Birkhoff-Witt* de $\mathcal{U}(\mathfrak{g})$.

Cette propriété de décomposition de chaque élément d'une base par rapport à son multiindice (une base B_α obtenue par l'application du théorème de Poincaré-Birkhoff-Witt satisfait la relation $B^\alpha = \prod_{i \in \mathrm{supp}(\alpha)} B_{e_i}^{\alpha_i} = \prod_{i \in \mathrm{supp}(\alpha)} b_i^{\alpha_i}$) nous intéresse particulièrement et justifie l'introduction de la définition suivante.

Définition 7.2 *Si $(T_\alpha)_{\alpha \in \mathbb{N}^{(I)}}$ est une famille dans une algèbre commutative avec unité dont le produit est noté $\times$, nous dirons qu'elle est* multiplicative *si, pour tout $\alpha \in \mathbb{N}^{(I)}$,*

$$T_\alpha \times T_\beta = T_{\alpha + \beta} \text{ pour tous } \alpha, \beta \in \mathbb{N}^{(I)}. \qquad (261)$$

Il est facile de voir que cette définition est équivalente à la propriété suivante :

$$T^\alpha = \overset{\times}{\prod_{i \in \mathbb{N}}} T_{e_i}^{\times \alpha_i} = T_\alpha.$$

Nous pouvons donner une caractérisation générale des familles multiplicatives dans une k-algèbre associative et commutative avec unité $\mathcal{A}$. Pour cela, donnons la définition suivante :

Définition 7.3 *Soit $\mathcal{L}$ une partie de $\mathcal{A}$. On appelle $\mathcal{L}$* base de transcendance *de $\mathcal{A}$ sur k si les $\mathcal{L}^\alpha$, $\alpha \in \mathbb{N}^{(\mathcal{L})}$ (voir (258)), forment une base linéaire de $\mathcal{A}$ par rapport à k.*

Lemme 7.4 *Soit $\mathcal{L}$ une partie de $\mathcal{A}$. Alors la famille $(\mathcal{L}^{\alpha})_{\alpha \in \mathbb{N}^{(\mathcal{L})}}$ est multiplicative. Elle forme une base de $\mathcal{A}$ si et seulement si $\mathcal{L}$ est une base de transcendance de $\mathcal{A}$ sur k.*

Revenons à notre problème : notons $\mathcal{U}^{*}(\mathfrak{g})$ le dual de $\mathcal{U}(\mathfrak{g})$ et considérons la famille $(S_{\alpha})_{\alpha \in \mathbb{N}^{(I)}}$ duale de la base de Poincaré-Birkhoff-Witt $(B^{\alpha})_{\alpha \in \mathbb{N}^{(I)}}$, c'est-à-dire la famille de formes linéaires sur $\mathcal{U}(\mathfrak{g})$ définies par

$$\langle S_{\alpha} | B^{\beta} \rangle = \delta_{\alpha, \beta}. \tag{262}$$

Supposons que $\langle S_0 | 1_{\mathcal{U}(\mathfrak{g})} \rangle = 1$ (S_0 désigne l'élément obtenu pour le multiindice identiquement nul) et que $\langle S_{\alpha} | 1_{\mathcal{U}(\mathfrak{g})} \rangle = 0$ pour tout α non identiquement nul. Nous pouvons alors établir le théorème suivant ([MR89]).

Théorème 7.5

$$\sum_{\alpha \in \mathbb{N}^{(I)}} S_{\alpha} \otimes B^{\alpha} = \overrightarrow{\prod_{i \in I}} \exp\left(S_{e_i} \otimes b_i \right). \tag{263}$$

Remarque 7.6   – *Le produit du membre de droite est donné par $* \otimes \mu_{\mathcal{U}(\mathfrak{g})}$ où $\mu_{\mathcal{U}(\mathfrak{g})}$ désigne le produit usuel de l'algèbre enveloppante et $*$ le produit de convolution des formes linéaires de $\mathcal{U}^{*}(\mathfrak{g})$: si a et b sont deux éléments de $\mathcal{U}^{*}(\mathfrak{g})$,*

$$(a * b)(v) = \sum_{\mu_{\mathcal{U}(\mathfrak{g})}(u,u') = v} a(u) b(u') \tag{264}$$

pour tout $v \in \mathcal{U}(\mathfrak{g})$. En fait, toute algèbre enveloppante est une algèbre de Hopf et possède donc une structure de bigèbre. Notons Δ le coproduit associé à la structure de bigèbre de $\mathcal{U}(\mathfrak{g})$. C'est un homomorphisme d'algèbres défini par :

$$\Delta(g) = g \otimes 1 + 1 \otimes g \tag{265}$$

pour $g \in \mathfrak{g}$ (il satisfait donc

$$\Delta(PQ) = \Delta(P)\Delta(Q) \text{ pour tous } P, Q \in \mathcal{U}(\mathfrak{g})) \tag{266}$$

puis étendu en une famille de morphismes d'algèbres $\Delta^{(k)} : \mathcal{U}(\mathfrak{g}) \to \mathcal{U}(\mathfrak{g})^{\otimes k+1}$ tels que, $\forall v \in \mathfrak{g}$,

$$\Delta^{(k)}(v) = v \otimes 1 \otimes \cdots \otimes 1 + 1 \otimes v \otimes 1 \otimes \cdots \otimes 1 + \cdots + 1 \otimes 1 \otimes \cdots \otimes 1 \otimes v. \tag{267}$$

En fait,

$$\Delta = \Delta^{(1)} \tag{268a}$$

$$\Delta^{(k)}(P) = (\mathrm{Id}_{\mathcal{U}(\mathfrak{g})} \otimes \Delta^{(k-1)})\Delta(P) = (\Delta^{(k-1)} \otimes \mathrm{Id}_{\mathcal{U}(\mathfrak{g})})\Delta(P), \; k \geq 2. \qquad (268\mathrm{b})$$

La convolution est en fait définie comme la loi duale de Δ :

$$\langle a * b | v \rangle = \langle a \otimes b | \Delta(v) \rangle, \; \forall a, \, b \in \mathcal{U}^*(\mathfrak{g}) \; et \; \forall v \in \mathcal{U}(\mathfrak{g}). \qquad (269)$$

– *Les deux membres de (263) forment en fait une* résolution de l'identité *lorsque l'on considère le morphisme*

$$\Phi \; : V^* \otimes V \rightarrow \mathcal{E}\mathrm{nd}^{\mathrm{finis}}(V) \qquad (270)$$

($\mathcal{E}\mathrm{nd}^{\mathrm{finis}}(V)$ désigne l'espace des endomorphismes à support fini sur V) qui associe à tout produit tensoriel $f \otimes v \in V^* \otimes V$ l'endomorphisme $\Phi(f \otimes v) \; : b \mapsto f(b) \cdot v$. Le morphisme Φ peut être étendu, par continuité, aux séries :

$$\Phi \left(\sum_{\alpha \in \mathbb{N}^{(I)}} S_\alpha \otimes B^\alpha \right)(v) = \sum_{\alpha \in \mathbb{N}^{(I)}} S_\alpha(v) B^\alpha = \mathrm{Id}_{\mathcal{U}(\mathfrak{g})}(v). \qquad (271)$$

La preuve de ce théorème repose, entre autres, sur la propriété suivante des éléments S_α :

$$S_\alpha * S_\beta = \frac{(\alpha + \beta)!}{\alpha! \, \beta!} S_{\alpha+\beta} \qquad (272)$$

(qui montre que cette famille est multiplicative *à une constante près*) que l'on peut établir comme suit [7] :

$$
\begin{aligned}
S_\alpha * S_\beta &= \sum_{\gamma \in \mathbb{N}^{(I)}} \langle S_\alpha * S_\beta | B^\gamma \rangle S_\gamma \\
&= \sum_{\gamma \in \mathbb{N}^{(I)}} \langle S_\alpha \otimes S_\beta | \Delta(B^\gamma) \rangle^{\otimes 2} S_\gamma \\
&= \sum_{\gamma \in \mathbb{N}^{(I)}} \langle S_\alpha \otimes S_\beta | \sum_{\gamma_1 + \gamma_2 = \gamma} \frac{\gamma!}{\gamma_1! \, \gamma_2!} B^{\gamma_1} \otimes B^{\gamma_2} \rangle^{\otimes 2} S_\gamma \\
&= \frac{(\alpha + \beta)!}{\alpha! \, \beta!} S_{\alpha+\beta}.
\end{aligned}
\qquad (273)
$$

---

7. Nous employons ci-dessous la notation $\langle \cdot | \cdot \rangle^{\otimes 2}$; celle-ci correspond à la définition suivante : si V_1 et V_2 sont deux espaces en dualité avec, respectivement, W_1 et W_2 pour les produits scalaires $\langle \cdot | \cdot \rangle_1$ et $\langle \cdot | \cdot \rangle_2$, alors (on montre que) $V_1 \otimes V_2$ est en dualité avec $W_1 \otimes W_2$ pour le produit scalaire
$$\langle \cdot | \cdot \rangle^{\otimes 2} \; : \left\{ \begin{array}{ccc} (V_1 \otimes V_2) \times (W_1 \otimes W_2) & \rightarrow & k \\ (v_1 \otimes v_2, w_1 \otimes w_2) & \mapsto & \langle v_1 | w_1 \rangle_1 \langle v_2 | w_2 \rangle_2. \end{array} \right.$$

Cette propriété permet d'établir, par récurrence, que $\dfrac{S_{e_{i_k}}^{*\alpha_k}}{\alpha_k!} = S_{\alpha_k e_{i_k}}$ puis que

$$\frac{S_{e_{i_1}}^{*\alpha_1} * \cdots * S_{e_{i_k}}^{*\alpha_k}}{\alpha_1! \ldots \alpha_k!} = S_\alpha. \tag{274}$$

Par conséquent,

$$
\begin{aligned}
\overset{\rightarrow}{\prod_{i \in I}} \exp\left(S_{e_i} \otimes b_i\right) &= \sum_{k \geq 0} \sum_{\substack{i_1 \geq \cdots \geq i_k \\ \alpha_1, \ldots, \alpha_k}} \frac{(S_{e_{i_1}} \otimes b_{i_1})^{\alpha_1} \ldots (S_{e_{i_k}} \otimes b_{i_k})^{\alpha_k}}{\alpha_1! \ldots \alpha_k!} \\
&= \sum_{k \geq 0} \sum_{\substack{i_1 \geq \cdots \geq i_k \\ \alpha_1, \ldots, \alpha_k}} \frac{S_{e_{i_1}}^{*\alpha_1} * \cdots * S_{e_{i_k}}^{*\alpha_k} \otimes (b_{i_1})^{\alpha_1} \ldots (b_{i_k})^{\alpha_k}}{\alpha_1! \ldots \alpha_k!} \\
&= \sum_{k \geq 0} \sum_{\substack{i_1 \geq \cdots \geq i_k \\ \alpha_1, \ldots, \alpha_k}} \frac{S_{e_{i_1}}^{*\alpha_1} * \cdots * S_{e_{i_k}}^{*\alpha_k}}{\alpha_1! \ldots \alpha_k!} \otimes B^\alpha
\end{aligned}
\tag{275}
$$

où la dernière étape repose sur la définition de la base $(B^\alpha)_{\alpha \in \mathbb{N}^{(I)}}$ par multiplications ordonnées. Le résultat suit alors en utilisant l'équation (274).

Nous pouvons, à partir de l'équation précédente, revenir sur la convergence du membre de droite de (263). En fait, c'est $\Phi\left(\displaystyle\sum_{k \geq 0} \sum_{\substack{i_1 \geq \cdots \geq i_k \\ \alpha_1, \ldots, \alpha_k}} \frac{S_{e_{i_1}}^{*\alpha_1} * \cdots * S_{e_{i_k}}^{*\alpha_k}}{\alpha_1! \ldots \alpha_k!} \otimes B^\alpha\right)$ qui définit ce produit et permet d'en assurer l'existence.

Lemme 7.7 *La famille* $\left(\Phi(S_{e_{i_1}}^{*\alpha_1} * \cdots * S_{e_{i_k}}^{*\alpha_k} \otimes B^\alpha)\right)_\alpha$ *est sommable (c'est-à-dire que, pour tout vecteur* $v \in \mathcal{U}(\mathfrak{g})$, $\left| \mathrm{supp}_\alpha \left[\Phi\left(S_{e_{i_1}}^{*\alpha_1} * \cdots * S_{e_{i_k}}^{*\alpha_k} \otimes B^\alpha\right)(v)\right]_\alpha \right| < \infty$).

Preuve : Nous avons besoin de la propriété suivante, qui se démontre par récurrence à partir de la définition (269) : pour toute famille $S_1, \ldots, S_k$ de formes linéaires de $U^*(\mathfrak{g})$ et pour tout vecteur $v \in U(\mathfrak{g})$,

$$\langle S_1 * \cdots * S_k | v \rangle = \langle S_1 \otimes \cdots \otimes S_k | \Delta^{(k-1)}(v)\rangle^{\otimes k}. \tag{276}$$

Choisissons $v \in \mathcal{U}(\mathfrak{g})$; décomposons-le sur la base $(B^\alpha)_\alpha$: $v = \sum_\beta v_\beta B^\beta$. Notons $N_\alpha = \sum_i \alpha_i$, $\beta = \sum_i \beta_i e_i$ et $N_\beta = \sum_i \beta_i$. Alors

$$
\begin{aligned}
\Phi\left(S_{e_{i_1}}^{*\alpha_1} * \cdots * S_{e_{i_k}}^{*\alpha_k} \otimes B^\alpha\right)(v) &= \sum_\beta v_\beta \Phi\left(S_{e_{i_1}}^{*\alpha_1} * \cdots * S_{e_{i_k}}^{*\alpha_k} \otimes B_\alpha\right)(B^\beta) \\
&= \sum_\beta v_\beta \langle S_{e_{i_1}}^{*\alpha_1} * \cdots * S_{e_{i_k}}^{*\alpha_k} | B^\beta \rangle B^\alpha \\
&= \sum_\beta v_\beta \langle S_{e_{i_1}}^{\otimes \alpha_1} \otimes \cdots \otimes S_{e_{i_k}}^{\otimes \alpha_k} | \Delta^{(N_\alpha - 1)}(B^\beta) \rangle^{\otimes N_\alpha} B^\alpha.
\end{aligned}
\tag{277}
$$

De plus, si l'on décompose B^β comme un produit d'éléments primitifs, $B^\beta = \prod_{i \in I} b_i^{\beta_i}$,

$$
\langle S_{e_{i_1}}^{\otimes \alpha_1} \otimes \cdots \otimes S_{e_{i_k}}^{\otimes \alpha_k} | \Delta^{(N_\alpha - 1)}(B^\beta) \rangle^{\otimes N_\alpha} =
$$

$$
= \langle S_{e_{i_1}}^{\otimes \alpha_1} \otimes \cdots \otimes S_{e_{i_k}}^{\otimes \alpha_k} | \sum_{J_1 + \cdots + J_{N_\alpha} = N_\beta} B[J_1] \otimes \cdots \otimes B[J_{N_\alpha}] \rangle^{\otimes N_\alpha}
$$

où $B[J] = \prod_{i \in J}^{\otimes} b_i$.

Maintenant, remarquons que :
- si $N_\alpha > N_\beta$, l'un des $B[J]$ comprend nécessairement un facteur $1_{\mathcal{U}(\mathfrak{g})}$; or $\langle S_{e_i} | 1_{\mathcal{U}(\mathfrak{g})} \rangle = 0$ par hypothèse ;
- si $N_\alpha < N_\beta$, l'un des $B[J]$ comprend nécessairement un facteur $b_{i_1} b_{i_2}$; or $\langle S_{e_i} | b_{i_1} b_{i_2} \rangle = 0$ par dualité.

Par conséquent, $N_\alpha = N_\beta$. On conclut finalement en notant que les seuls α qui ne donnent pas un produit scalaire nul sont obtenus à partir de β par permutations et sont donc en nombre fini. $\qquad\square$

7.2.3 Exemple : cas de l'algèbre libre

Dans cette section, X désigne de nouveau un alphabet totalement ordonné par $<$; l'ensemble des mots de Lyndon sur X est noté $\mathfrak{Lyn}(X)$ et la factorisation standard ([Reu93]) de $\ell \in \mathfrak{Lyn}(X)$ est désignée par $\sigma(\ell) = (\ell_1, \ell_2)$ où ℓ_2 est le facteur (de Lyndon) droit propre de ℓ de longueur minimale.

Rappelons aussi que tout mot $w \in X^*$ admet une factorisation décroissante en un produit de mots de Lyndon :

$$
w = \ell_1^{\alpha_1} \ldots \ell_k^{\alpha_k}, \quad \ell_1 > \cdots > \ell_k, \quad \ell_1, \ldots, \ell_k \in \mathfrak{Lyn}(X).
\tag{278}
$$

Ces deux factorisations permettent de définir une base $(P_w)_{w \in X^*}$ de l'algèbre libre $k\langle X \rangle$ comme suit :

$$P_w = \begin{cases} w & \text{si} & |w| = 1 \; ; \\ [P_{\ell_1}, P_{\ell_2}] & \text{si} & w = \ell \in \mathfrak{Lyn}(X) \text{ et } (\ell_1, \ell_2) = \sigma(\ell) \; ; \\ P_{\ell_1}^{\alpha_1} \ldots P_{\ell_n}^{\alpha_n} & \text{si} & w = \ell_{i_1}^{\alpha_1} \ldots \ell_{i_n}^{\alpha_n} \text{ avec } \ell_1 > \cdots > \ell_n. \end{cases} \qquad (279)$$

Cette base est en fait la base de Poincaré-Birkhoff-Witt associée à la base $(P_\ell)_{\ell \in \mathfrak{Lyn}(X)}$ de l'algèbre de Lie libre $\mathscr{L}_k(X)$ (7.1). Les éléments primitifs P_ℓ, $\ell \in \mathfrak{Lyn}(X)$ sont appelés *crochets standard*. La famille $(P_w)_{w \in X^*}$ est *triangulaire* :

$$P_w = w + \sum_{u > w} \langle P | u \rangle u \qquad (280)$$

et *multihomogène* : le support de la famille $(\langle P | u \rangle)_u$ est constitué de mots u qui comportent tous le même nombre $|u|_x$ de x et ce pour toute lettre $x \in X$.

La multihomogénéité des P_w, $w \in X^*$ autorise la construction d'une base $(S_w)_{w \in X^*}$ de $k\langle X \rangle$ satisfaisant $\langle S_u | P_v \rangle = \delta_{uv}$ pour tous $u, v \in X^*$. Cette famille vit dans l'algèbre duale de $(k\langle X \rangle, \mathrm{conc})$, qui est *l'algèbre de mélange* $(k\langle X \rangle, \shuffle)$. Rappelons la définition du *produit de mélange* :

$$\begin{aligned} & 1 \shuffle w = w \shuffle 1 = w \; ; \\ & (au') \shuffle (bv') = a(u' \shuffle (bv')) + b((au') \shuffle v) \end{aligned} \qquad (281)$$

si $u = au'$, $v = bv'$, $(a, b, \in X, u, v, w \in X^*)$.

On peut montrer ([Reu93]) que S_w est donné par

$$S_w = \begin{cases} w & \text{si} & |w| = 1 \; ; \\ x S_u & \text{si} & w = xu \text{ et } w \in \mathfrak{Lyn}(X) \; ; \\ \dfrac{S_{\ell_{i_1}}^{\shuffle \alpha_1} \shuffle \cdots \shuffle S_{\ell_{i_k}}^{\shuffle \alpha_k}}{\alpha_1! \ldots \alpha_k!} & \text{si} & w = \begin{cases} \ell_{i_1}^{\alpha_1} \ldots \ell_{i_k}^{\alpha_k} \\ \ell_1 > \cdots > \ell_k \in \mathfrak{Lyn}(X). \end{cases} \end{cases} \qquad (282)$$

Ces deux familles vérifient les hypothèses du théorème 7.5. Par conséquent,

$$\sum_{w \in X^*} S_w \otimes P_w = \prod_{\ell \in \mathfrak{Lyn}(X)}^{\rightarrow} \exp(S_\ell \otimes P_\ell). \qquad (283)$$

Puisque $\displaystyle\sum_{w \in X^*} S_w \otimes P_w$ est égale à l'identité sur $k\langle X \rangle$, on peut aller plus loin et écrire

$$\sum_{w \in X^*} w \otimes w = \prod_{\ell \in \mathfrak{Lyn}(X)}^{\rightarrow} \exp(S_\ell \otimes P_\ell). \qquad (284)$$

7.3 Problème inverse

7.3.1 Présentation

Dans la section précédente, nous avons vu que la factorisation de Schützenberger est établie dans le cas où la paire de bases en dualité comporte une base de Poincaré-Birkhoff-Witt de $\mathcal{U}(\mathfrak{g})$. La base duale est alors quasi multiplicative (*i.e.* multiplicative à une constante près). Nous nous attaquons maintenant au problème inverse : partant d'une base multiplicative, à quelle(s) condition(s) peut-on écrire la factorisation comme une résolution de l'identité ? Cette question est aussi motivée par la considération de ce qui est en fait un contre-exemple (7.3.2, où l'on considère une famille multiplicative et sa base duale).

Soit $(T_\alpha)_{\alpha \in N^{(I)}}$ une base multiplicative de $\mathcal{U}(\mathfrak{g})^*$. Supposons qu'il existe une base $(B_\alpha)_{\alpha \in N^{(I)}}$ de $\mathcal{U}(\mathfrak{g})$ en dualité avec $(T_\alpha)_{\alpha \in N^{(I)}}$: pour tous $\alpha, \beta \in \mathbb{N}^{(I)}$,

$$\langle T_\alpha | B_\beta \rangle = \delta_{\alpha,\beta}. \qquad (285)$$

Théorème 7.8 *Les éléments* $(B_{e_i})_{i \in I}$ *forment une base de* $\mathfrak{g}$.

Puisque les éléments atomiques $(B_{e_i})_{i \in I}$ forment une base de $\mathfrak{g}$, le théorème de Poincaré-Birkhoff-Witt nous permet de construire une base de $\mathcal{U}(\mathfrak{g})$ constituée des produits B^α définis par :

$$B^\alpha = \prod_{i \in \mathrm{supp}(\alpha)} (B_{e_i})^{\alpha_i}. \qquad (286)$$

Si l'on se place dans les conditions de ce dernier théorème (base multiplicative possédant une base duale), on construit aisément une base quasi-multiplicative $(S_\alpha)_{\alpha \in \mathbb{N}^{(I)}}$ de $\mathcal{U}^*(\mathfrak{g})$ et sa base duale $(B_\alpha)_{\alpha \in \mathbb{N}^{(I)}}$. Nous pouvons toujours écrire que

$$\sum_{\alpha \in \mathbb{N}^{(I)}} S_\alpha B_\alpha = \mathrm{Id}_{\mathcal{U}(\mathfrak{g})}. \qquad (287)$$

En effet, pour tout vecteur $v = \sum_\beta v_\beta B_\beta \in \mathcal{U}(\mathfrak{g})$, on a

$$\sum_{\alpha \in \mathbb{N}^{(I)}} S_\alpha B_\alpha(v) = \sum_\beta v_\beta \sum_\alpha \langle S_\alpha | B_\beta \rangle B_\alpha$$

$$= \sum_\beta v_\beta \sum_\alpha \delta_{\alpha\beta} B_\alpha \tag{288}$$

$$= v.$$

Par ailleurs, on a aussi

$$\overrightarrow{\prod_{i \in I}} \exp(S_{e_i} \otimes B_{e_i}) = \sum_{\alpha \in \mathbb{N}^{(I)}} S_\alpha \otimes B^\alpha \tag{289}$$

puisque les S_α sont quasi-multiplicatifs. *A priori*, $B^\alpha \neq B_\alpha$ (sauf si $\alpha = e_i$ est un élément de la "base canonique" de $\mathbb{N}^{(I)}$) et le produit précédent n'est pas égal à l'identité (pour être précis, on n'a pas $\Phi\left(\overrightarrow{\prod_{i \in I}} \exp(S_{e_i} \otimes B_{e_i})\right) = \mathrm{Id}_{\mathcal{U}(\mathfrak{g})}$). Nous cherchons donc les conditions qui permettent d'écrire que

$$\Phi\left(\overrightarrow{\prod_{i \in I}} \exp(S_{e_i} \otimes B_{e_i})\right) = \mathrm{Id}_{\mathcal{U}(\mathfrak{g})}. \tag{290}$$

7.3.2 Un contre-exemple

Dans cette section, nous présentons une base de $(k\langle X \rangle, \sqcup\!\sqcup)$ dont la famille duale n'est pas multiplicative. Cet exemple sera repris avec davantage de détails dans la section 7.5.1. Des détails relatifs au processus de dualisation sont présentés dans la section 16. Partons de la famille

$$S'_w = \begin{cases} \ell & \text{si } \ell \in \mathfrak{Lyn}(X) ; \\ \dfrac{S'^{\sqcup\!\sqcup \alpha_1}_{\ell_1} \sqcup\!\sqcup \cdots \sqcup\!\sqcup S'^{\sqcup\!\sqcup \alpha_n}_{\ell_n}}{\alpha_1! \ldots \alpha_n!} & \text{si } w = \ell_1^{\alpha_1} \ldots \ell_n^{\alpha_n}, \end{cases} \begin{cases} \ell_1 > \cdots > \ell_n \\ \ell_1, \ldots, \ell_n \in \mathfrak{Lyn}(X) \end{cases} \tag{291}$$

(elle est en fait définie par la même relation de récurrence que la base $(S_w)_{w \in X^*}$ que nous avons considérée plus haut (282), mais avec d'autres conditions initiales) qui forme une base de l'algèbre de mélange $(k\langle X \rangle, \sqcup\!\sqcup)$.

C'est une famille multihomogène, ce qui permet de considérer la famille duale, que nous désignerons par B'_w.

Spécialisons notre alphabet au cas où $X = \{a, b\}$ avec $a < b$.

Montrons que le mot de Lyndon a^2b^2abab figure dans le support de la série $B'^{a^2b^2a^2b^2}$. La factorisation de Lyndon de $a^2b^2a^2b^2$ est $\sigma = (a^2b^2, a^2b^2)$. Ainsi, $B'^{a^2b^2a^2b^2} = \left(B'_{a^2b^2}\right)^2$. Calculons $B'_{a^2b^2}$ (noter que $B'^{a^2b^2} = B'_{a^2b^2}$). Pour cela, calculons la matrice $\langle S'_w | w \rangle$ pour les mots w de longueur 4 de même composition que a^2b^2 (la *classe de multihomogénéité* de $w = a^2b^2$). Nous avons successivement :

$$S'_{a^2b^2} = a^2b^2 \; ;$$

$$
\begin{aligned}
S'_{abab} &= \frac{S'^{\sqcup 2}_{ab}}{2!} \\
&= \frac{1}{2}(ab \sqcup ab) = abab + 2a^2b^2 \; ;
\end{aligned}
$$

$$
\begin{aligned}
S'_{ab^2a} &= ab^2 \sqcup a \\
&= 2a^2b^2 + ab^2a + abab \; ;
\end{aligned}
$$

$$
\begin{aligned}
S'_{ba^2b} &= b \sqcup a^2b \\
&= ba^2b + abab + 2a^2b^2 \; ;
\end{aligned}
$$

$$
\begin{aligned}
S'_{baba} &= b \sqcup ab \sqcup a \\
&= 4a^2b^2 + 3abab + 2ba^2b + 2ab^2a + baba \; ;
\end{aligned}
$$

$$
\begin{aligned}
S'_{b^2a^2} &= \frac{S'^{\sqcup 2}_b}{2!} \sqcup \frac{'S^{\sqcup 2}_a}{2!} \\
&= b^2a^2 + a^2b^2 + ba^2b + ab^2a + abab + baba.
\end{aligned}
$$

(292)

La matrice recherchée est donc

$$
M =
\begin{array}{c}
 \\
a^2b^2 \\
abab \\
ab^2a \\
ba^2b \\
baba \\
b^2a^2
\end{array}
\begin{array}{c}
\begin{array}{cccccc}
a^2b^2 & abab & ab^2a & ba^2b & baba & b^2a^2
\end{array} \\
\left(
\begin{array}{cccccc}
1 & 2 & 2 & 2 & 4 & 1 \\
0 & 1 & 1 & 1 & 3 & 1 \\
0 & 0 & 1 & 0 & 2 & 1 \\
0 & 0 & 0 & 1 & 2 & 1 \\
0 & 0 & 0 & 0 & 1 & 1 \\
0 & 0 & 0 & 0 & 0 & 1
\end{array}
\right)
\end{array}.
$$

(293)

Par multihomogénéité de la base, les coefficients des éléments de la base duale pour des mots de même composition sont donnés par $\left({}^{t}(M)\right)^{-1}$. Puisque

$$
\left({}^{t}(M)\right)^{-1} =
\begin{array}{c}
\\ a^2b^2 \\ abab \\ ab^2a \\ ba^2b \\ baba \\ b^2a^2
\end{array}
\begin{array}{c}
a^2b^2 \quad abab \quad ab^2a \quad ba^2b \quad baba \quad b^2a^2 \\
\left(
\begin{array}{cccccc}
1 & 0 & 0 & 0 & 0 & 0 \\
-2 & 1 & 0 & 0 & 0 & 0 \\
0 & -1 & 1 & 0 & 0 & 0 \\
0 & -1 & 0 & 1 & 0 & 0 \\
2 & 1 & -2 & -2 & 1 & 0 \\
-1 & 0 & 1 & 1 & -1 & 1
\end{array}
\right),
\end{array}
\tag{294}
$$

$B'_{a^2b^2} = a^2b^2 - 2abab + 2baba - b^2a^2$. Ainsi,

$$
\begin{aligned}
B'^{a^2b^2a^2b^2} =\ & a^2b^2a^2b^2 - 2a^2b^2abab + 2a^2b^3aba \\
& - a^2b^4a^2 - 2ababa^2b^2 + 4abababab \\
& - 4abab^2aba + 2abab^3a^2 + 2baba^3b^2 \\
& - 4baba^2bab + 4babababa - 2babab^2a^2 \\
& - b^2a^4b^2 + 2b^2a^3bab - 2b^2a^2baba + b^2a^2b^2a^2
\end{aligned}
\tag{295}
$$

et $B'^{a^2b^2a^2b^2}$ contient bien le mot de Lyndon a^2b^2abab.

Utilisons le critère de multiplicativité que nous présenterons plus loin (7.15) : puisqu'il existe un élément B'^{β} avec $N_\beta \geq 2$ (précisément, $\beta = a^2b^2abab$ dont la factorisation standard comprend deux éléments, donc $N_\beta = 2$) dont le support contient un mot de Lyndon, la famille $\left(B'_w\right)_{w \in X^*}$ n'est pas multiplicative.

Note 7.9 *Nous avons aussi vérifié, dans ce cadre, que l'on a bien*

$$
\prod_{\ell \in \mathfrak{Lyn}(X)} \exp(\ell \otimes B'_\ell) = \sum_{w \in X^*} w \otimes w
\tag{296}
$$

jusqu'à l'ordre 7 (c'est-à-dire pour tous les mots de taille inférieure ou égale à 7), où le produit est calculé de la façon suivante :

$$
\prod_{\ell \in \mathfrak{Lyn}(X)} \exp(\ell \otimes B'_\ell) = \prod_{\ell \in \mathfrak{Lyn}(X)} \exp(S'_\ell \otimes B'_\ell) = \sum_{\substack{\ell_1 \geq \cdots \geq \ell_k \\ \ell_1, \ldots, \ell_k \in \mathfrak{Lyn}(X)}} S'_{\ell_1 \ldots \ell_k} \otimes B'_{\ell_1} \ldots B'_{\ell_k}.
\tag{297}
$$

Ceci confirme qu'il n'y a pas de contre-exemple de taille plus petite que 8.

Note 7.10 *Dans le développement du contre-exemple précédent, nous nous sommes appuyés sur des expérimentations numériques menées avec le logiciel Sage (http: //www.sagemath.org/fr/). Les fonctions utilisées sont présentées dans la feuille* *de travail disponible à l'adresse suivante :*

$$http:\,//\,sagenb.\,org/\,home/\,pub/\,4504/\,.$$

Une autre feuille de calcul présente des fonctions équivalentes pour le cas de l'algèbre de quasi-mélange (voir (323) pour sa définition) :

$$http:\,//\,sagenb.\,org/\,home/\,pub/\,4519/\,.$$

7.4 Cas de l'algèbre partiellement commutative libre

Nous nous proposons de présenter maintenant l'application du théorème 7.5 à l'algèbre (de Lie) libre partiellement commutative. Bien que les objets présentés aient tous été introduits précédemment, il semble que la factorisation de Schützenberger n'a pas été présentée dans cadre jusqu'ici.

Soit X un ensemble et $\theta \subset X \times X$ une relation symétrique et irréflexive ($x \in X$, $(x,x) \notin \theta$) sur X. Notons $M(X,\theta)$ le monoïde partiellement commutatif libre sur l'alphabet à commutations (X,θ) ([CF69], [Vie86]). Il est défini par générateurs et relations comme

$$M(X,\theta) = \langle X, \{(xy = yx)\}_{(x,y)\in\theta}\rangle_{\mathrm{Mon}}. \tag{298}$$

Notons $k\langle X,\theta\rangle$ l'algèbre partiellement commutative libre sur X ([DK92]), définie par générateurs et relations comme $\langle X, (xy = yx)_{(x,y)\in\theta}\rangle_{k\text{-alg}}$, et $k\,[M(X,\theta)]$ l'algèbre du monoïde partiellement commutatif libre.

Remarque 7.11 *L'algèbre partiellement commutative libre peut aussi être définie de la façon suivante : si X est un ensemble muni d'une relation irréflexive θ, $\mathcal{A}$ une k-algèbre et $\phi\ :\ X \to \mathcal{A}$ une application ensembliste telle que $\forall (x,y) \in\ \theta$, $\mu_{\mathcal{A}}(\phi(x),\phi(y)) = \mu_{\mathcal{A}}(\phi(y),\phi(x))$, il existe un unique homomorphisme de k-algèbres $\bar{\phi}$ telle que le diagramme suivant commute :*

Catégorie des Alphabets à commutations   Catégorie des k — Algèbres

$$
\begin{array}{ccc}
(X,\theta) & \xrightarrow{\quad\phi\quad} & \mathcal{A} \\
& \searrow_{j^{\mathrm{Alg}}_{(X,\theta)}} & \uparrow \bar{\phi} \\
& & k\langle X,\theta\rangle
\end{array}
\tag{299}
$$

où $j^{\mathrm{Alg}}_{(X,\theta)}$ est l'injection canonique de (X,θ) dans $k\langle X,\theta\rangle$.

Des arguments universels, présentés dans la section 15 prouvent que

$$k\langle X, \theta \rangle \cong k\left[M(X, \theta)\right]. \tag{300}$$

Par conséquent, il est possible de considérer les éléments de $k\left[M(X, \theta)\right]$ comme des polynômes sur le monoïde partiellement commutatif libre et nous pouvons poser, pour tout $P \in k\left[M(X, \theta)\right]$,

$$P = \sum_{m \in M(X, \theta)} \langle P|m \rangle m. \tag{301}$$

C'est la structure d'algèbre de Hopf de $(k\langle X, \theta \rangle, \mu, 1_{M(X, \theta)}, \Delta, \epsilon, S)$ où (μ et $1_{M(X, \theta)}$ étant triviaux) $\epsilon(P) = \langle P|1 \rangle$, $\Delta(x) = x \otimes 1 + 1 \otimes x$ et $S(x_1 \ldots x_n) = (-1)^n x_n \ldots x_1$, qui nous intéresse.

Les éléments primitifs de $k\langle X, \theta \rangle$ sont les éléments de l'algèbre de Lie libre partiellement commutative $\mathscr{L}_k(X, \theta)$:

$$\mathcal{P}\mathrm{rim}(k\langle X, \theta \rangle) = \mathscr{L}_k(X, \theta). \tag{302}$$

Par ailleurs, il est possible de généraliser les mots de Lyndon au cas partiellement commutatif ([Lal93]) : un mot de Lyndon partiellement commutatif est un mot partiellement commutatif non vide, primitif et minimal (pour l'ordre sur $M(X, \theta)$ induit par l'ordre lexicographique sur de *bonnes* formes normales ([KL93])) dans sa classe de conjugaison. Notons $\mathfrak{Lyn}(X, \theta)$ l'ensemble des mots de Lyndon partiellement commutatifs. La factorisation standard des mots de Lyndon a aussi été étendue :

Proposition 7.12 *Soit $w \in M(X, \theta)$ de longueur ≥ 2. Alors il existe une unique factorisation $w = fn$, appellée factorisation standard de w, notée $\sigma(w) = (f, n)$, telle que*

1. *$f \neq 1$;*

2. *$n \in \mathfrak{Lyn}(X, \theta)$;*

3. *n est minimal parmi tous les mots de Lyndon partiellement commutatifs qui donnent une factorisation de w.*

De plus, si $\ell \in \mathfrak{Lyn}(X, \theta)$ de longueur ≥ 2 admet a_i comme unique première lettre, et si $\sigma(\ell) = (f, n)$ est la factorisation standard de ℓ, alors $f \in \mathfrak{Lyn}(X, \theta)$ avec a_i comme unique première lettre et $f < \ell < n$.

Ces propriétés nous permettent de construire une famille $(P_\ell)_{\ell \in \mathfrak{Lyn}(X, \theta)}$ généralisant les crochets standard du cas non commutatif (279) :

$$P_\ell = \begin{cases} \ell & \text{si} & |\ell| = 1 \text{ ;} \\ [P_{\ell_1}, P_{\ell_2}] & \text{si} & \ell \in \mathfrak{Lyn}(X, \theta) \text{ et } (\ell_1, \ell_2) = \sigma(\ell). \end{cases} \tag{303}$$

On peut montrer ([Lal93]) que cette famille est une base de $\mathscr{L}_k(X,\theta)$ et que P_ℓ vérifie

$$P_\ell = \ell + \sum_{\substack{\ell' > \ell \\ \ell' \in \mathfrak{Lyn}(X,\theta)}} \alpha_{\ell'} \ell'. \tag{304}$$

Les propriétés précisées dans le cas non-commutatif s'avèrent encore vraies. Par exemple, tout mot partiellement commutatif admet une unique factorisation décroissante en termes de mots de Lyndon (partiellement commutatifs). Ceci nous permet de définir, si $w = \ell_1^{\alpha_1} \ldots \ell_n^{\alpha_n}$ avec $\ell_1 > \cdots > \ell_n$, le polynôme P_w, $w \in M(X,\theta)$ par

$$P_w = P_{\ell_1}^{\alpha_1} \ldots P_{\ell_n}^{\alpha_n}. \tag{305}$$

On peut alors montrer que

$$P_w = w + \sum_{u > w \in M(X,\theta)} \langle P_w | u \rangle u. \tag{306}$$

(par exemple en traduisant la preuve non-commutative de [Reu93] au cas partiellement commutatif). Nous disposons donc d'une base de Poincaré-Birkhoff-Witt de $k\langle X, \theta \rangle$.

Construisons dans $(k\langle X, \theta \rangle)^* \sim k\langle\langle X, \theta \rangle\rangle$ la famille suivante :

$$S_w = \begin{cases} w & \text{si} & |w| = 1 \text{ ;} \\ xS_u & \text{si} & w = xu \text{ et } w \in \mathfrak{Lyn}(X,\theta) \text{ ;} \\ \dfrac{S_{\ell_{i_1}}^{\sqcup\!\sqcup \alpha_1} \ldots S_{\ell_{i_k}}^{\sqcup\!\sqcup \alpha_k}}{\alpha_1! \ldots \alpha_k!} & \text{si} & w = \ell_{i_1}^{\alpha_1} \ldots \ell_{i_k}^{\alpha_k} \text{ avec } \ell_1 > \cdots > \ell_k. \end{cases} \tag{307}$$

Ces deux familles sont duales l'une de l'autre : $\langle S_u | P_v \rangle = \delta_{uv}$. Nous sommes donc dans le cadre du théorème 7.5 et nous pouvons écrire la factorisation suivante :

$$\sum_{w \in M(X,\theta)} w \otimes w = \overrightarrow{\prod_{\ell \in \mathfrak{Lyn}(X,\theta)}} \exp(S_\ell \otimes P_\ell). \tag{308}$$

7.5 Caractérisation de la famille B'

7.5.1 Construction

Nous revenons maintenant sur la famille B' que nous avons introduite dans la section 7.3.2 afin de donner deux caractérisations des éléments B'_ℓ, $\ell \in \mathfrak{Lyn}(X)$. Nous profitons de cette section pour détailler quelques aspects théoriques liés à cette construction.

Commençons par rappeler le problème : nous partons des éléments

$$S'_w = \begin{cases} \ell & \text{si } \ell \in \mathfrak{Lyn}(X)\,; & (309)\\[2ex] \dfrac{S_{\ell_{i_1}}^{\sqcup\!\sqcup\,\alpha_1} \sqcup\!\sqcup \cdots \sqcup\!\sqcup\, S_{\ell_{i_k}}^{\sqcup\!\sqcup\,\alpha_k}}{\alpha_1!\dots\alpha_k!} & \text{si } w = \ell_1^{\alpha_1}\dots\ell_k^{\alpha_k}, \begin{cases} \ell_1 > \cdots > \ell_k\\ \ell_1,\dots,\ell_k \in \mathfrak{Lyn}(X). \end{cases} & (310) \end{cases}$$

En fait, la définition (310) montre que les éléments de la famille $(S'_w)_{w\in X^*}$ correspondent à la famille de produits $\mathfrak{Lyn}(X)^{\sqcup\!\sqcup\,\alpha}$, $\alpha \in \mathbb{N}^{(\mathfrak{Lyn}(X))}$. Or un théorème dû à Radford [Rad79] assure que les mots de Lyndon forment une base de transcendance de l'algèbre de mélange $(k\langle X\rangle, \sqcup\!\sqcup)$. Le lemme 7.4 nous permet donc d'affirmer que la famille $(S'_w)_{w\in X^*}$ est multiplicative.

De plus, le théorème 6.1 de [Reu93] prouve que la famille des S'_w est triangulaire inférieure :

$$S'_w = w + \sum_{u<w} \alpha_u u \qquad (311)$$

(les coefficients α_u étant entiers).

Par dualité, il est donc possible de construire une famille B'_w que nous décrivons dans les sections suivantes.

7.5.2   Caractérisations des éléments B'_ℓ

Cette famille est caractérisée par les théorèmes suivants.

Théorème 7.13 *[DDM12] Soit P appartenant à $k\langle X\rangle$ et $\ell \in \mathfrak{Lyn}(X)$. Alors*

$$P = B'_\ell \Longleftrightarrow \begin{cases} P = \ell + \displaystyle\sum_{\ell<u}\langle P|u\rangle u\,;\\[1ex] P \text{ est primitif;}\\[1ex] \forall \ell_1 \in \mathfrak{Lyn}(X),\ \langle P|\ell_1\rangle = \delta_{\ell\ell_1}. \end{cases} \qquad (312)$$

Preuve du Théorème 7.13 :

– Si $P = B'_\ell$, alors P est un élément primitif puisque c'est un élément d'une base de l'algèbre de Lie libre (cf théorème 7.8). De plus, puisque $\langle B'_\ell|S'_w\rangle = \delta_{\ell w}$ pour tout $w \in X^*$, $\langle B'_\ell|S'_{\ell_1}\rangle = \langle B'_\ell|\ell_1\rangle = \delta_{\ell\ell_1}$ et $\ell \in \mathrm{supp}(B'_\ell) \cap \mathfrak{Lyn}(X)$. Comme P est primitif, le minimum de son support par rapport à l'ordre lexicographique est un mot de Lyndon. L'orthogonalité de P avec tous les mots de Lyndon sauf ℓ implique que $\min(\mathrm{supp}(P)) = \ell$.

– Réciproquement, supposons que P satisfait les hypothèses du théorème. Montrons que $\forall w \in X^*$, $\langle P|S'_w\rangle = \delta_{\ell w}$. Soit $w \in X^*$, de factorisation $w = \ell_1^{\alpha_1}\dots\ell_n^{\alpha_n}$ avec

$\ell_1 > \cdots > \ell_n$. Notons $N_w := \displaystyle\sum_{i=1}^{n} \alpha_i$. Alors

$$
\begin{aligned}
\langle P | S'_w \rangle &= \langle P | \frac{1}{\alpha!} \ell_1^{\sqcup\!\sqcup \alpha_1} \sqcup\!\sqcup \cdots \sqcup\!\sqcup \ell_n^{\sqcup\!\sqcup \alpha_n} \rangle \\
&= \langle \Delta^{(N_w-1)}(P) | \frac{1}{\alpha!} \ell_1^{\otimes \alpha_1} \otimes \cdots \otimes \ell_n^{\otimes \alpha_n} \rangle^{\otimes N_w} \\
&= \langle \sum_{p+q=N_w-1} 1^{\otimes p} \otimes P \otimes 1^{\otimes q} | \frac{1}{\alpha!} \ell_1^{\otimes \alpha_1} \otimes \cdots \otimes \ell_n^{\otimes \alpha_n} \rangle^{\otimes N_w}
\end{aligned}
\tag{313}
$$

(pour la définition de Δ^k, voir (267)). Ce produit scalaire est nul dès que $N_w \geq 2$ car $\langle 1|\ell \rangle = 0$, $\forall \ell \in \mathfrak{Lyn}(X)$. Si $N_w = 0$, $w = 1_{X^*}$. Puisque P est primitif, $\langle P|1_{X^*} \rangle = 0$ et $\langle P|S'_{1_{X^*}} \rangle = 0$. Enfin, si $N_w = 1$, $w = \ell_1 \in \mathfrak{Lyn}(X)$ et $\langle P|S'_{\ell_1} \rangle = \delta_{\ell\ell_1}$ par hypothèse, donc $\langle P|S'_w \rangle = \delta_{\ell w}$ pour tout $w \in X^*$, ce qui signifie que $P = B'_\ell$. $\square$

Théorème 7.14 *[DDM12] Soit P appartenant à $k\langle X \rangle$ et $\ell \in \mathfrak{Lyn}(X)$. Alors*

$$
P = B'_\ell \Longleftrightarrow
\begin{cases}
P \text{ est primitif;} \\
|\mathrm{supp}(P) \cap \mathfrak{Lyn}(X)| = 1 \text{ ;} \\
\langle P|\ell \rangle = 1.
\end{cases}
\tag{314}
$$

Preuve :

- Supposons que $P = B'_\ell$. Alors P est primitif. Puisque $\langle P|S'_{\ell_1} \rangle = \langle P|\ell_1 \rangle = \delta_{\ell\ell_1}$ pour tout $\ell_1 \in \mathfrak{Lyn}(X)$, nous obtenons les deux autres propriétés.
- Si P vérifie les conditions de 7.14, alorsles hypothèses de 7.13 sont aussi vérifiées. En effet, P est primitif ; le seul mot de Lyndon qui figure dans le support de P est ℓ avec un coefficient 1 ; puisque le minimum du support de P est un mot de Lyndon, c'est nécessairement ℓ. Nous pouvons donc écrire que $P = \ell + \displaystyle\sum_{\substack{\ell < u \\ u \notin \mathfrak{Lyn}(X)}} \langle P|u \rangle u$. Le

Théorème 7.13 assure alors que P est l'un des B'_ℓ. $\square$

Rappelons que si $w \in X^*$ est un mot de factorisation de Lyndon $w = \ell_1^{\alpha_1} \ldots \ell_n^{\alpha_n}$, $\ell_1 > \cdots > \ell_n$, $N_w = \displaystyle\sum_{i=1}^{n} \alpha_i$.

Lemme 7.15 *[DDM12] Les propriétés suivantes sont équivalentes :*

i) $\forall w \in X^*$ *tel que $N_w \geq 2$ (c'est-à-dire que w contient au moins deux facteurs de Lyndon), $\mathrm{supp}(B'^w) \cap \mathfrak{Lyn}(X) = \emptyset$;*

ii) $\left(B'^w \right)_{w \in X^*} = \left(B'_w \right)_{w \in X^*}$ *;*

iii) $\langle B'^{w}|S'_{u}\rangle = \delta_{w\,u}$ *pour tous* $w, u \in X^{*}$.

Preuve : L'équivalence entre *ii)* et *iii)* est évidente. Supposons *i)*. Soit $u = b_1^{\beta_1} \ldots b_m^{\beta_m}$ la factorisation de Lyndon de u et $M_u = \displaystyle\sum_{i=1}^{m} \beta_i$. alors

$$
\begin{aligned}
\langle B'^{w}|S'_{u}\rangle &= \frac{1}{\beta!}\langle B'^{w}|b_1^{\sqcup\!\sqcup\,\beta_1}\sqcup\!\sqcup \cdots \sqcup\!\sqcup b_m^{\sqcup\!\sqcup\,\beta_m}\rangle \\
&= \frac{1}{\beta!}\langle \Delta^{(M_u-1)}(B'^{w})|b_1^{\otimes\beta_1}\otimes\cdots\otimes b_m^{\otimes\beta_m}\rangle^{\otimes M_u} \\
&= \frac{1}{\beta!}\langle \sum_{I_1+\cdots+I_{M_u}=[1\ldots N_w]} B'[I_1]\otimes\cdots\otimes B'[I_{M_u}]\,|b_1^{\otimes\beta_1}\otimes\cdots\otimes b_m^{\otimes\beta_m}\rangle^{\otimes M_u}
\end{aligned}
\tag{315}
$$

où la somme porte sur tous les ensembles de M_u sous-ensembles disjoints de $[\![1, N_w]\!]$ dont l'union est $[\![1, N_w]\!]$ avec $B'[I_k] = \displaystyle\prod_{i\in I_k} B'_{\ell_i}$.

Il y a trois cas :

1. $M_u > N_w$: dans ce cas, l'un au moins des I_i, noté I_k, est vide. Alors $B'[I_k] = 1$, $\langle B'[I_k]|b_k\rangle = 0$ et $\langle B'^{w}|S'_{u}\rangle = 0$.

2. $M_u < N_w$: nécessairement l'un des I_i, noté I_k, contient r éléments avec $r > 1$. Alors $B'[I_k] = B'_{\ell_1}\ldots B'_{\ell_r}$. Par hypothèse, le support de ce produit ne contient aucun mot de Lyndon, donc $\langle B'[I_k]|b_k\rangle = 0$ et $\langle B'^{w}|S'_{u}\rangle = 0$.

3. $M_u = N_v$: dans ce dernier cas, $I_k = \{k\}$. La permutation dans chaque bloc $B'[I_k]$ permet la simplification du facteur $\dfrac{1}{\beta!}$. Finalement, le résultat n'est différent de zéro que pour $w = u$.

Ainsi $\langle B'^{w}|S'_{u}\rangle = \delta_{w\,u}$. La réciproque $(iii) \Rightarrow i))$ est évidente (prendre $u = \ell \in \mathfrak{Lyn}(X)$), d'où l'équivalence des trois propriétés. $\qquad\qquad\qquad\qquad\qquad\qquad\qquad\qquad\square$

7.5.3   Construction récursive des B'_{ℓ}

Un analogue du procédé de Gram-Schmidt nous permet de construire récursivement les éléments B'_{ℓ} à partir des P_{ℓ} pour $\ell \in \mathfrak{Lyn}(X)$. En effet, cette méthode permet de construire une famille en dualité avec une famille finie libre donnée. Pour travailler avec des familles finies, il suffit de tirer profit de la multihomogénéité des bases considérées. La construction est adaptée à notre situation parce qu'elle élimine récursivement tous les mots de Lyndon autres que celui qui figure dans le support de B'_{ℓ} et assure que le coefficient du mot de Lyndon restant est égal à 1.

Soit $\alpha \in \mathbb{N}^{(X)}$ un multiindice et $\mathcal{L}_{\alpha} = \{\ell_1 < \cdots < \ell_m\}$ l'ensemble des mots de Lyndon multihomogènes de multidegré α.

Lemme 7.16 *[DDM12] Les éléments B'_{ℓ_k} pour les mots de $\mathcal{L}_\alpha$ sont donnés par :*

$$
\begin{aligned}
B'_{\ell_m} &= P_{\ell_m} \; ; \\
B'_{\ell_{m-1}} &= P_{\ell_{m-1}} - \langle P_{\ell_{m-1}} | \ell_m \rangle B'_{\ell_m} \; ; \\
B'_{\ell_{m-2}} &= P_{\ell_{m-2}} - \langle P_{\ell_{m-2}} | \ell_{m-1} \rangle B'_{\ell_{m-1}} - \langle P_{\ell_{m-2}} | \ell_m \rangle B'_{\ell_m} \; ; \\
&\vdots \\
B'_{\ell_{m-k}} &= P_{\ell_{m-k}} - \sum_{j=1}^{k} \langle P_{\ell_{m-k}} | \ell_{m-k+j} \rangle B'_{\ell_{m-k+j}} \; ; \\
&\vdots
\end{aligned}
\tag{316}
$$

Preuve : Les éléments P_ℓ pour $\ell \in \mathfrak{Lyn}(X)$ étant primitifs, la primitivité des éléments obtenus par ces relations est assurée par linéarité. Pour appliquer la caractérisation des B'_ℓ présentée dans le théorème 7.14, il suffit de considérer les propriétés relatives aux mots de Lyndon présents dans le support de B'_ℓ, ce que nous faisons par récurrence sur l'indice du mot dans l'ensemble des mots de multidegré α :

- Rappelons que $P_w = w + \sum\limits_{u>w} \alpha_{wu} u$. Par conséquent, le seul mot de Lyndon qui figure dans le support de P_{ℓ_m} est ℓ_m avec coefficient 1 puisque ℓ_m est maximal dans $\mathcal{L}_\alpha$. Ainsi, $B'_{\ell_m} = P_{\ell_m}$ convient ;

- Dans $P_{\ell_{m-1}}$ apparaissent ℓ_{m-1} (avec coefficient 1) et (potentiellement) ℓ_m. Il nous faut donc retirer ℓ_m sans ajouter de mot de Lyndon. Cette opération est possible grâce à la soustraction suivante :

$$
B'_{\ell_{m-1}} = P_{\ell_{m-1}} - \langle P_{\ell_{m-1}} | \ell_m \rangle B'_{\ell_m} \; ;
\tag{317}
$$

- Supposons maintenant qu'il existe $k > 1$ tel que, pour tout $s \in [\![m-k+1, m]\!]$, on ait

$$
B'_{\ell_{m-s}} = P_{\ell_{m-s}} - \sum_{j=1}^{s} \langle P_{\ell_{m-s}} | \ell_{m-s+j} \rangle B'_{\ell_{m-s+j}}.
\tag{318}
$$

Alors
$$
\left\langle \left(P_{\ell_{m-k}} - \sum_{j=1}^{k} \langle P_{\ell_{m-k}} | \ell_{m-k+j} \rangle B'_{\ell_{m-k+j}} \right) \Big| \ell_r \right\rangle =
$$
$$
\langle P_{\ell_{m-k}} | \ell_r \rangle - \sum_{j=1}^{k} \langle P_{\ell_{m-k}} | \ell_{m-k+j} \rangle \langle B'_{\ell_{m-k+j}} | \ell_r \rangle.
$$

Trois cas se présentent :

1. $r < m-k$: $\langle P_{\ell_{m-k}} | \ell_r \rangle = 0$ puisque $\ell_r < \ell_{m-k}$; de plus, d'après l'hypothèse de récurrence, $\langle B'_{\ell_{m-k+j}} | \ell_r \rangle = 0$, $\forall j \in [\![1, k]\!]$, puisque $\ell_{m-k+j} > \ell_r$.

2. $r = m-k$: $\langle P_{\ell_{m-k}} | \ell_{m-k} \rangle = 1$ et $\langle B'_{\ell_{m-k+j}} | \ell_{m-k} \rangle = 0$, $\forall j \in [\![1, k]\!]$.

3. $r > m - k : \langle B'_{\ell_{m-k+j}} | \ell_r \rangle = \delta_{(m-k+j)\,r}$ par hypothèse de récurrence, donc pour tout $r \in [\![m - k + 1, m]\!]$, le produit scalaire considéré est égal à $\langle P_{\ell_{m-k}} | \ell_r \rangle - \langle P_{\ell_{m-k}} | \ell_r \rangle = 0$.

Finalement, puisque $\langle B'_{\ell_{m-k}} | \ell_r \rangle = \delta_{(m-k)\,r}$ pour tout $r \in [\![1, m]\!]$, $B'_{\ell_{m-k}} = P_{\ell_{m-k}} - \sum_{j=1}^{k} \langle P_{\ell_{m-k}} | \ell_{m-k+j} \rangle B'_{\ell_{m-k+j}}$ convient.   □

Note 7.17 *La construction présentée dans cette section est en fait plus générale, comme nous le montrons ci-dessous.*

Soit V_1 et V_2 deux espaces en dualité pour le produit scalaire $\langle \cdot | \cdot \rangle$ vérifiant $V_1 \subset V_2^*$ et $V_2 \subset V_1^*$.
Supposons qu'il existe un ensemble ordonné $I = \{i_1, \ldots, i_m\}$ et deux familles d'éléments R_i et S_i, $i \in I$ respectivement dans V_1 et V_2 telles que $\forall i_1 < i_2 \in I, \langle R_{i_1} | S_{i_2} \rangle = 0$ et $\langle R_{i_1} | S_{i_1} \rangle = 1$.

Alors il est existe une unique famille $(T_i)_{i \in I}$ d'éléments de V_2 telle que $\forall i_1, i_2 \in I$, $\langle R_{i_1} | T_{i_2} \rangle = \delta_{i_1\,i_2}$. On montre comme dans la preuve précédente que ses éléments sont donnés par

$$T_{i_{m-k}} = S_{i_{m-k}} - \sum_{j=1}^{k} \langle S_{i_{m-k}} | R_{i_{m-k+j}} \rangle T_{i_{m-k+j}}. \tag{319}$$

7.5.4   Nouvelle base de Poincaré-Birkhoff-Witt

Le contre-exemple donné dans la section 7.3.2 montre que la famille duale d'une famille multiplicative $\left(S'_w \right)_{w \in X^*}$ n'est pas, en général, multiplicative. Cependant, nous pouvons extraire de cette famille une base de l'algèbre de Lie $\mathscr{L}_k(X)$ (cf Théorème 7.8), donnée par les éléments primitifs B'_ℓ, $\ell \in \mathfrak{Lyn}(X)$. En utilisant le théorème de Poincaré-Birkhoff-Witt (7.1), nous pouvons alors construire une base de l'algèbre libre possédant (par construction) cette propriété : elle est donnée par

$$B_w = \begin{cases} B'_\ell & \text{si} \quad \ell \in \mathfrak{Lyn}(X) \, ; \\ {B'_{\ell_1}}^{\alpha_1} \ldots {B'_{\ell_n}}^{\alpha_n} & \text{si} \quad w = \ell_1^{\alpha_1} \ldots \ell_n^{\alpha_n}. \end{cases} \tag{320}$$

Ensuite, la dualisation nous permet d'obtenir une base $(Q_w)_{w \in X^*}$ de l'algèbre de mélange en dualité avec la base de Poincaré-Birkhoff-Witt, ce couple de bases permettant d'écrire la factorisation de Schützenberger (cf Théorème 7.5). Le diagramme suivant résume les différentes étapes :

Algèbre de mélange   Algèbre libre   Algèbre de Lie libre

$$
\begin{array}{ccc}
S'_w & \xrightarrow{\langle\cdot|\cdot\rangle} & B'_w \\
& & \searrow \text{Thm 7.8} \\
& & B'_\ell,\ \ell \in \mathfrak{Lyn}(X) \\
Q_w & \xleftarrow{\langle\cdot|\cdot\rangle} & B^w \nearrow \text{Thm PBW}
\end{array}
\tag{321}
$$

La comparaison de Q_w avec S'_w permet alors de comprendre le "redressement" auquel il faut soumettre les S'_w afin d'écrire la factorisation.

Les expérimentations numériques menées dans cette direction n'ont pas été, jusque-là, concluantes. Le problème vient principalement de la longueur des calculs *intéressants* : les bases S et S' divergent à partir des mots de longueur 5 et, comme nous l'avons expliqué plus haut, la multiplicativité des B' disparaît au-delà de la taille 8. Par conséquent, il est nécessaire de considérer des mots de taille relativement importante qui impliquent des calculs de longue durée.

7.6   Un critère pour la multiplicativité

Le lemme 7.15 peut être généralisé au cas d'une algèbre enveloppante quelconque, ce qui donne lieu à un critère permettant de s'assurer qu'une famille obtenue par dualité est multiplicative. Grossièrement, pour qu'une base obtenue par cette méthode soit multiplicative, il suffit que tous ses éléments non primitifs soient orthogonaux aux éléments atomiques de la base dont ils sont issus.

Nous supposons ici que $(T_\alpha)_{\alpha\in\mathbb{N}^{(I)}}$ est une famille libre multiplicative dans l'algèbre duale $\mathcal{U}^*(\mathfrak{g})$ d'une algèbre enveloppante $\mathcal{U}(\mathfrak{g})$ pour le produit de convolution $*$; S_α désigne la famille quasi-multiplicative que l'on construit grâce à la relation $S_\alpha = \dfrac{T_\alpha}{\alpha!}$ pour tout multiindice α.

Supposons, de plus, qu'il existe une famille duale $(P_\beta)_{\beta\in\mathbb{N}^{(I)}}$ ($\langle S_\alpha|P_\beta\rangle = \delta_{\alpha\beta}$). Dans le cas où la famille considérée est multihomogène ou graduée en dimension finie, l'existence d'une telle famille est assurée.

Lemme 7.18 *[DDM12] Si $\langle S_{e_i}|1_{\mathcal{U}(\mathfrak{g})}\rangle = 0$, $\forall i \in I$, la famille $(P_\alpha)_{\alpha\in\mathbb{N}^{(I)}}$ est multiplicative si et seulement si*

$$
\forall i \in I,\ \forall \beta \in \mathbb{N}^{(I)},\ |\beta| \geq 2,\ \langle S_{e_i}|P^\beta\rangle = 0. \tag{322}
$$

La preuve de ce lemme est en fait tout à fait semblable à celle de l'équivalence des conditions i) et ii) dans la preuve du lemme 7.15. Notons qu'ici, il faut ajouter la condition $\langle S_{e_i}|1_{\mathcal{U}(\mathfrak{g})}\rangle = 0$, $\forall i \in I$, dont l'analogue est toujours satisfaite dans le cas de l'algèbre libre. La correspondance entre ces deux situations est donnée par :

- $(I, <) \rightarrow (\mathfrak{Lyn}(X), <)$ (attention, cependant : dans le cas de l'algèbre libre, on considère des produits décroissants de mots de Lyndon, alors que dans le cas général, on considère des produits croissants) ;
- le produit de convolution est le produit de mélange dans le cas de l'algèbre libre ;
- les S_{e_i} correspondent aux mots de Lyndon, les P_α aux éléments B'_α.

8   Conclusion

Le théorème principal que nous avons présenté dans cette partie (6.13) donne la structure de l'algèbre des polylogarithmes. Ce théorème permet de considérer divers corps comme ensembles de constantes. En particulier, il est possible de spécialiser le corps des scalaires aux constantes. En utilisant le plan multiplement fendu (que nous avons décrit dans la section 6.3.5), nous obtenons une preuve de l'indépendance des hyperlogarithmes en tant que fonctions. Puisque cela donne des bases de transcendance (7.3) de l'algèbre engendrée, il est possible de développer un calcul formel efficace. Une extension intéressante serait de considérer d'autres corps de scalaires et les fonctions ainsi générées, par exemple les corps de nombres p-adiques (voir [Woj91, Woj05, Woj04]).

Les algèbres présentées ici apparaissent naturellement dans l'étude de certains systèmes différentiels non linéaires, en particulier lorsque l'on s'intéresse au comportement des coefficients des solutions autour des singularités. Cette approche est présentée dans [Min07], par exemple, et montre clairement les liens entre l'effort de factorisation des éléments de l'algèbre libre et l'utilisation des polylogarithmes. Ce travail portant sur des singularités localisées en 0 et en 1, doit être étendu au cas où les singularités sont quelconques, de la même manière que les hyperlogarithmes, dont les singularités sont des complexes quelconques, généralisent les polylogarithmes dont les singularités sont localisées en 0 et en 1.

Notons enfin que l'application des théorèmes conduit à la définition effective et *implémentable* de différents corps de germes de fonctions.

Par ailleurs, la factorisation de Schützenberger dans sa forme de résolution de l'identité nous conduit à une étude fine de certaines bases de l'algèbre libre et, plus généralement, des algèbres enveloppantes et de leur dual. Le cadre des algèbres graduées en dimension finie assure l'existence des familles duales et facilite l'exploration de cette question. Un autre exemple intéressant (en raison de ses applications liées aux développements de Taylor de la série génératrice des polylogarithmes), pour lequel nous ne savons pas quelles sont les familles duales permettant d'écrire la factorisation est celui de *l'algèbre de quasi-mélange*. Pour celle-ci, l'alphabet Y est formé par les lettres y_i, $i \in \mathbb{N}$, et le produit ⧢ est défini par

$$\begin{cases} u \,⧢\, 1 = 1 \,⧢\, u = u; \\ y_i u \,⧢\, y_j v = y_i(u \,⧢\, y_j v) + y_j(y_i u \,⧢\, v) + y_{i+j}(u \,⧢\, v) \end{cases} \tag{323}$$

pour tous y_i, $y_j \in Y$ et pour tous u, $v \in Y^*$.

On peut aussi considérer, dans ce même cadre, une déformation plus générale du produit de mélange ([DFLL01, Hof00]) mettant en jeu une application ϕ définie sur X : $\forall u, v \in X^*$, $\forall x, y \in X$,

$$xu \sqcup\!\sqcup_\phi yv = x(u \sqcup\!\sqcup_\phi yv) + y(xu \sqcup\!\sqcup_\phi v) + \phi(x,y)u \sqcup\!\sqcup_\phi v. \tag{324}$$

Troisième partie

Conclusion générale

Sommaire

9 Principaux résultats

Les principaux résultats présentés dans ce travail sont obtenus grâce à l'utilisation du produit de mélange ou en lien avec lui :

– les intégrales de type Selberg, en tant qu'intégrales itérées, sont directement liées à ce produit comme nous l'avons souligné (voir, par exemple, (8)). Nous avons donné un algorithme permettant son calcul dans le cas général ($c \in \mathbb{C}$) pour toute fonction et montré que le résultat est un produit dont le nombre de facteurs ne dépend pas du nombre de variables considérées pourvu que le développement de la fonction sur la base des polynômes de Jack ait aussi cette propriété. Cela permet de se pencher sur le calcul de la limite lorsque le nombre de variables tend vers l'infini. Nous avons enfin montré, pour cette limite, dans le cas $c = 1$, comment les simplifications s'expliquent via l'utilisation d'opérateurs liés à l'interpolation de Newton.

– la structure multiplicative de l'algèbre engendrée par les hyperlogarithmes est donnée par ce produit (ce qui revient à rappeler que leur série génératrice est une série de Lie ; voir (12)). Nous avons présenté ici une nouvelle approche des problèmes d'indépendance linéaire de ces fonctions employant des méthodes de combinatoire algébrique afin de généraliser les résultats obtenus par l'étude de leur monodromie. Ceci nous a permis de donner des critères d'indépendance linéaire par rapport à des corps plus généraux que des corps de scalaires. Ainsi, les théorèmes présentés sont valables pour des *corps de fonctions* "non triviales", à condition de se donner la possibilité de *faire varier* les domaines de définition pour inverser les fonctions présentant des zéros.

– enfin, nous avons étudié certaines propriétés de dualité entre les algèbres $(k\langle X \rangle, \mathrm{conc})$ et $(k\langle X \rangle, \sqcup\!\sqcup)$ (où le produit de mélange apparaît comme un cas particulier du produit de convolution des formes linéaires dans le dual d'une algèbre enveloppante $\mathcal{U}(\mathfrak{g})$) afin d'écrire la factorisation de Schützenberger dans sa forme de résolution de l'identité. Cette question est intimement liée à la propriété de multiplicativité de certaines bases, ce nous a poussé à répondre à la question des conditions permettant d'affirmer qu'une base obtenue par dualité est multiplicative. Nous avons illustré ces questions en nous intéressant à la base obtenue par dualité à partir des mots de Lyndon et montré que celle-ci ne satisfait pas les conditions requises pour l'écriture de la factorisation dans la forme qui nous intéresse.

10   Lien avec les algèbres de Hopf combinatoires - Perspectives

10.1   Noyaux reproducteurs

La dernière partie de ce travail s'intègre dans un cadre plus général et très étudié actuellement : les *algèbres de Hopf combinatoires*. Le lien se fait via la notion de *noyau reproducteur* comme nous le présentons dans ce qui suit.

Replaçons-nous dans le cadre général de deux espaces V et V^* liés par une forme bilinéaire positive $\langle \cdot | \cdot \rangle$ (la positivité permettant d'assurer qu'elle n'est pas dégénérée) : $\langle \cdot | \cdot \rangle \; : V^* \otimes V \to \mathbb{R}$. Si B est une base de V, il existe (sous certaines conditions que nous ne précisons pas ici : par exemple, V est gradué en dimension finie) une famille B^* d'éléments de V^* telle que pour tout $b \in B$, il existe un unique élément $b^* \in B^*$ vérifiant

$$\langle b^* | b' \rangle = \delta_{b'\,b} = \begin{cases} 1 \text{ si } b' = b \\ 0 \text{ sinon.} \end{cases}$$

Dans ce cas, on peut définir la série formelle suivante (la notation adoptée fait volontairement référence à celle utilisée pour les autres noyaux reproducteurs considérés ; *c.f.* (44)) :

$$K_{\langle \cdot | \cdot \rangle} = \sum_{b \in B} b^* \otimes b. \tag{325}$$

La résolution de l'identité $\sum_{w \in X^*} w \otimes w$ que nous avons longuement considérée entre dans ce cadre (à condition d'identifier chaque mot, à gauche du produit tensoriel, avec son dual, la forme linéaire $w^* \, : v \mapsto \delta_{w\,v}$).

Pourquoi avoir mentionné la structure de noyau reproducteur ? Lorsqu'il est possible d'identifier V et V^*, la forme bilinéaire considérée devient (à nouveau, sous certaines conditions) un produit scalaire sur l'espace vectoriel V et si l'on note C la base duale (la *famille* duale définie précédemment devient une *base* duale dans ces conditions) de B,

$$K_{\langle \cdot | \cdot \rangle} = \sum_{b \in B} c_b \otimes b \tag{326}$$

où $c_b \in C$ est défini par $\langle c_b | b' \rangle = \delta_{bb'}$. Munissons maintenant V (c'est en fait V^* que nous équipons, mais l'identification de V et V^* rend cette distinction invisible) d'un produit (avec élément neutre 1_V vérifiant $\langle 1_V | 1_V \rangle = 1$). Le produit scalaire peut être étendu en une forme bilinéaire de $V \otimes V$ dans V telle que

$$\langle P_1 \otimes Q_1 | P_2 \otimes Q_2 \rangle = P_1 P_2 \langle Q_1 | Q_2 \rangle, \quad \forall P_1,\, P_2,\, Q_1,\, Q_2 \in V. \tag{327}$$

Dans ce cas,

$$\langle K_{\langle \cdot | \cdot \rangle} | 1 \otimes c_b \rangle = c_b, \quad \forall b \in B. \tag{328}$$

Enfin, puisque C est une base de V, on trouve que, pour tout $P \in V$,

$$\langle K_{\langle \cdot | \cdot \rangle} | 1 \otimes P \rangle = P, \tag{329}$$

ce qui est la propriété principale des noyaux reproducteurs.

10.2 Algèbres de Hopf combinatoires

Ce mécanisme des noyaux reproducteurs est présent dans de nombreux cas d'algèbres de Hopf graduées. Mentionnons à nouveau l'exemple, présenté plus haut, des fonctions symétriques et du noyau de Cauchy où

$$K_{\langle \cdot | \cdot \rangle} = \sum_\lambda m_\lambda \otimes h_\lambda = \sum_\lambda s_\lambda \otimes s_\lambda. \tag{330}$$

Dans ce cas, l'algèbre est isomorphe à son dual et les deux peuvent être identifiées. Le produit scalaire est défini par $\langle p_\lambda | p_\mu \rangle = z_\lambda \delta_{\lambda,\mu}$ (voir (52) pour la définition de z_λ) pour toutes partitions λ, μ. En fait, il est plus clair d'utiliser des alphabets différents :

$$K_{\langle \cdot | \cdot \rangle} = \sum_\lambda s_\lambda(X) s_\lambda(Y) = K_{\langle \cdot | \cdot \rangle}(X, Y), \tag{331}$$

ce qui ne change rien à la structure d'espace vectoriel mais rend possible l'utilisation des spécialisations d'alphabets (aussi appelés *alphabets virtuels*) ainsi que des opérations sur les λ-anneaux. Nous avons aussi mentionné le cas des fonctions symétriques considérées avec le produit scalaire déformé (51). Celui-ci fait intervenir les polynômes de Jack comme bases orthogonales :

$$K_{\langle \cdot | \cdot \rangle_\alpha} = \sum_\lambda P_\lambda^{(\alpha)}(X) Q_\lambda^{(\alpha)}(Y) \tag{332}$$

(les polynômes Q_λ sont déduits des P_λ par multiplication par une constante ; *c.f.* ce qu'il en est pour les polynômes de Macdonald 56). On montre, en utilisant les opérations de λ-anneaux, que $K_{\langle \cdot | \cdot \rangle_\alpha}$ s'écrit en fonction de $K_{\langle \cdot | \cdot \rangle}$:

$$K_{\langle \cdot | \cdot \rangle_\alpha} = K_{\langle \cdot | \cdot \rangle}(\alpha X, Y) = K_{\langle \cdot | \cdot \rangle}(X, \alpha Y) = K_{\langle \cdot | \cdot \rangle}(X, Y)^\alpha. \tag{333}$$

Si une définition très précise de ces objets fait défaut, les algèbres de Hopf combinatoires ([LR11]) apparaissent beaucoup dans la littérature. Elles obéissent aux règles de construction que nous venons d'évoquer : une algèbre A et son algèbre duale B (sans que les deux soient nécessairement isomorphes en tant qu'algèbres) graduées de la même façon sur $\mathbb{N}$ de sorte que la composante homogène A_n ait pour dual la composante homogène B_n ; une forme bilinéaire $\langle \cdot | \cdot \rangle$; un produit et un coproduit sur A et leurs lois duales sur B.

10.3   Des "incarnations" nombreuses et variées

Les articles suivants présentent différentes algèbres dont les structures rappellent ce qui se produit dans le cas des fonctions symétriques :

- fonctions quasi-symétriques ou symétriques non-commutatives [GKL$^+$95, KLT97, DKKT97, KT97, KT99, Duc02, Duc11, DKLT96] ;
- fonctions de parking [NT07a] ;
- arbres et permutations [HNT05]...

Ces structures sont aussi liées à la physique combinatoire : [DLPT, DLN$^+$11].

Dans beaucoup d'algèbres de Hopf étudiées, le schéma liant les produits de concaténation et de mélange, central dans la théorie de l'algèbre libre, réapparaît sous des formes très proches :

- fonctions de parking [NT07b] ;
- graphes [NTT04] ;
- arbres [Hiv05] ;
- diagrammes de Feynmann (algèbres DIAG et LDIAG et leurs déformations) [DBH$^+$10] ;
- fonctions symétriques sur les mots WSym [RS06] ou quasi-symétriques sur les mots [NPT11].

10.4   Perspectives

Le cas des fonctions symétriques sur les mots est particulièrement intéressant et nous nous proposons d'étudier, à l'avenir, le lien entre l'algèbre WSym et le théorème de Polyà. Entre autres choses, il sera intéressant de se pencher sur la notion d'alphabet virtuel pour cette algèbre.

Par ailleurs, comme nous l'avons déjà mentionné, il est important de se demander si les travaux menés avec le produit de mélange ⊔⊔ dans le cas de l'algèbre libre se généralisent à ses déformations [DFLL01].

Enfin, les possibilités ouvertes par l'utilisation des outils numériques incitent à continuer le travail de développement commencé pour ces travaux et qui nous a permis d'étudier à fond certains exemples.

Quatrième partie

Annexe

Sommaire

11 Quelques remarques sur l'algorithme de Gosper et la méthode Zeilberger

Nous revenons dans cette section sur ces deux outils que nous avons utilisés plus haut. Pour davantage de détails, voir, par exemple, [PWZ96].

Étant donné un terme hypergéométrique t_n (c'est-à-dire tel que $\dfrac{t_{n+1}}{t_n}$ est une fraction rationnelle en n, $\forall n \in \mathbb{N}$), l'algorithme de Gosper permet de déterminer s'il existe un terme hypergéométrique z_n tel quel

$$z_{n+1} - z_n = t_n \tag{334}$$

et renvoie z_n dans les cas où ce terme existe.

Cette méthode est utile dans le cas des sommes de la forme

$$S_n = \sum_{k=0}^{n-1} t_k \tag{335}$$

où t_k est un terme hypergéométrique. En effet, nous avons alors $S_{n+1} - S_n = t_n$. L'algorithme nous permet de savoir s'il existe une forme close pour la somme et d'accéder à cette forme close lorsqu'elle existe (si z_n est cette forme close, alors $S_n = z_n + \text{cte}$). De plus, dans le cas où la réponse est négative, l'algorithme assure qu'il n'y a pas de solution hypergéométrique.

La méthode de Zeilberger consiste à former des *paires de Wilf-Zeilberger*. On appelle paire de Wilf-Zeilberger une paire de fonctions $(F(n,k), G(n,k))$ satisfaisant la condition suivante :

$$F(n+1,k) - F(n,k) = G(n,k+1) - G(n,k), \ \forall n, k \in \mathbb{N}. \tag{336}$$

Nous utilisons ici la présentation de [Tef04] pour illustrer l'intérêt de ces paires. Supposons que l'on désire prouver une égalité de la forme

$$\sum_k f(n,k) = r(n), \ n \le n_0 \in \mathbb{N}. \tag{337}$$

Supposons aussi que $r(n) \ne 0$; divisons alors par $r(n)$:

$$\sum_k F(n,k) = 1, \ F(n,k) = \frac{f(n,k)}{r(n)}. \tag{338}$$

Notons $S(n) := \sum_k F(n,k)$. Pour montrer que $S(n) = 1$ pour tout $n \ge n_0$, il suffit de montrer que $S(n+1) - S(n) = 0$ pour tout $n \ge n_0$ avec $S(n_0) = 1$. Si l'on dispose d'une "bonne" fonction $G(n,k)$ telle que

$$F(n+1,k) - F(n,k) = G(n,k+1) - G(n,k), \qquad (339)$$

alors, avec de bonnes hypothèses, $S(n+1) - S(n) = 0$ puisque la somme sur k du membre de droite est télescopique.

Wilf et Zeilberger ont montré que si une telle fonction G existe, elle est de la forme $G(n,k) = R(n,k)F(n,k)$ où $R(n,k)$ est une fonction rationnelle de n et de k. Dans la plupart des cas où $r(n)$ n'est pas "pathologique", $G(n,k)$ existe et peut être trouvée, lorsqu'elle existe, grâce à l'utilisation de l'algorithme de Gosper. En effet, nous pouvons appliquer ce dernier à $D(n,\boldsymbol{k}) = F(n+1,\boldsymbol{k}) - F(n,\boldsymbol{k})$ (ici, k est en gras pour souligner que c'est sur cette variable que porte le raisonnement) ; lorsque c'est possible, nous obtenons une fonction $G(n,\boldsymbol{k})$ telle que $D(n,\boldsymbol{k}) = G(n,\boldsymbol{k+1}) - G(n,\boldsymbol{k})$, ce que l'on cherche.

12 Fonctions hypergéométriques

Une *série hypergéométrique* H est une série dont le terme général c_k est un terme hypergéométrique suivant la définition donnée dans la section 11 : $\dfrac{c_{k+1}}{c_k} = \dfrac{P(k)}{Q(k)}$ où P et Q sont des polynômes. Numérateur et dénominateur de c_k peuvent être écrits comme des produits de facteurs linéaires de la forme $a_j + k$ et $b_j + k$ où les a_i et les b_j sont des complexes. On peut, sans perdre de généralité, supposer que parmi les $b_j + k$ figure le facteur $1 + k$. Nous obtenons alors que

$$\frac{c_k + 1}{c_k} = \frac{c(a_1 + n)\dots(a_p + n)}{d(b_1 + n)\dots(b_q + n)(1 + n)} \qquad (340)$$

où c et d sont respectivement les coefficients dominants du numérateur et du dénominateur. Des manipulations simples permettent d'écrire que

$$H(z) = 1 + \frac{a_1\dots a_p}{b_1\dots b_q}\frac{cz}{d} + \frac{a_1\dots a_p}{b_1\dots b_q}\frac{(a_1+1)\dots(a_p+1}{(b_1+1)\dots(b_q+1)2}\left(\frac{cz}{d}\right)^2 + \dots \qquad (341)$$

série dont la notation standard est

$$_pF_q\begin{pmatrix} a_1,\dots,a_p \\ b_1,\dots,b_q \end{pmatrix}; z\end{pmatrix}. \qquad (342)$$

13   Propriétés analytiques

13.1   Théorème de Carlson

Nous présentons ici le théorème qui nous est nécessaire pour prolonger à $c \in \mathbb{C}$ les simplifications de l'équation (60).

Théorème 13.1 Carlson [Car14] *Soit f une fonction sur $\mathbb{C}$ vérifiant les conditions suivantes :*

i) f *est entière et de* type exponentiel *sur $\mathbb{C}$, c'est à dire qu'il existe $t > 0$ et $K > 0$ tels que $|f(z)| \leq K \exp^{t|z|}$ pour tout z ;*

ii) il existe $c < \pi$ réel tel que, pour y réel, on ait $|f(iy)| < e^{c|y|}$;

iii) f est nulle sur les entiers naturels.

Alors f est identiquement nulle.

En fait, il est possible de relaxer la première condition : on peut montrer qu'il suffit que f soit analytique pour $\Re(z) > 0$, continue pour $\Re(z) \geq 0$ et qu'il existe $t > 0$ et $K > 0$ tels que

$$|f(z)| \leq K \exp^{t|z|} \quad \text{pour } \Re(z) \geq 0. \tag{343}$$

13.2   Classification des singularités

Définition 13.2 *Si z_0 est un point d'un ouvert U de $\mathbb{C}$ et f une fonction holomorphe (i.e. définie et dérivable en tout point) de $U \backslash \{z_0\}$ dans $\mathbb{C}$, deux cas se présentent :*
  – *ou bien il existe $g : U \to \mathbb{C}$ holomorphe sur tout U et ne s'annulant pas en z_0 et un entier relatif n tels que, $\forall z \in U \backslash \{z_0\}$,*

$$f(z) = \frac{g(z)}{(z - z_0)^n} ; \tag{344}$$

  n est alors unique et on dit que c'est l'ordre de f en z_0 (si $n > 0$, z_0 est un zéro d'ordre n, si $n < 0$, z_0 est un pôle d'ordre $|n|$).
  – *ou bien il est impossible d'écrire f sous la forme précédente ; on dit alors que f admet en z_0 une* singularité essentielle.

Exemple 13.3 *La fonction $z \mapsto \exp(\frac{1}{z})$ admet une singularité essentielle en 0.*

13.3 Ensembles fermés de points isolés

Définition 13.4 *Soit x un point d'un ensemble S. On dit que x est un* point isolé *s'il existe un voisinage V de x ne contenant aucun autre point de S : $S \cap V = \emptyset$.*

Un ensemble de points isolés n'est pas nécessairement fermé. Par exemple, l'ensemble $F = \left\{ \dfrac{1}{n}, n \in \mathbb{N}^+ \right\}$ n'est pas fermé alors que ses points sont isolés (pour tout $n \in \mathbb{N}^+$, un rayon convenable pour une boule "isolant" le point $\dfrac{1}{n}$ est $\left| \dfrac{1}{n} - \dfrac{1}{n-1} \right| = \dfrac{1}{n^2 - n}$).

L'union de deux ensembles de points isolés n'est pas nécessairement constituée de points isolés. Ainsi, avec l'ensemble F défini ci-dessus et $G = \left\{ 1 - \dfrac{1}{n}, n \in \mathbb{N}^+ \right\}$, 0 n'est pas isolé dans $F \cup G$.

Lemme 13.5 *Soit F_1, F_2 deux ensembles fermés de points isolés inclus dans un ouvert Ω. Alors*

i) $F_1 \cup F_2$ est un ensemble fermé de points isolés ;

ii) si Ω est connexe, $\Omega \backslash F_1$ est connexe.

Preuve :

i) $F_1 \cup F_2$ est fermé parce que F_1 et F_2 le sont. Soit $z \in F_1 \cup F_2$. Si $z \in F_1$ mais $z \notin F_2$,

– $\exists \rho_1 > 0$, $\mathcal{B}_{\rho_1}(z) \cap F_1 = \{z\}$;

– $\exists \rho_2 > 0$, $\mathcal{B}_{\rho_2}(z) \cap F_2 = \emptyset$.

Alors $\rho = \inf(\rho_1, \rho_2)$ est un rayon adapté. Le même argument est valable dans le cas où $z \in F_2$ mais $z \notin F_1$. Enfin, si $z \in F_1 \cap F_2$,

– $\exists \rho_1 > 0$, $\mathcal{B}_{\rho_1}(z) \cap F_1 = \{z\}$;

– $\exists \rho_2 > 0$, $\mathcal{B}_{\rho_2}(z) \cap F_2 = \{z\}$.

et $\rho = \inf(\rho_1, \rho_2)$ convient.

ii) Supposons maintenant que Ω est connexe. Puisque Ω est un ouvert connexe de $\mathbb{C}$, qui est lui-même un espace vectoriel normé localement connexe par arcs, Ω est localement connexe par arcs, donc Ω est connexe par arc. Prouvons que $\Omega \backslash F$ est connexe par arcs.

Soit z_1, $z_2 \in \Omega \backslash F$. Si $\gamma(t) = z_1 t + z_2(1-t)$, $t \in [0,1]$ est un chemin de $\Omega \backslash F$, le résultat suit. Si ce n'est pas le cas, l'ensemble $\Gamma \cap F$, où $\Gamma = \{\gamma(t)\}_{t \in [0,1]}$ est l'orbite de γ, est fini. Notons, premièrement, que c'est un compact. À chaque $x \in \Gamma \cap F$, associons le disque ouvert $U_x = \mathcal{B}_{\rho_x}(x)$ tel que

$$U_x \cap F = \{x\}. \tag{345}$$

(c'est toujours possible puisque les points de F sont isolés). Par construction, $(\Gamma \cap F) \subset \bigcup_{x \in F} U_x$. La compacité de $\Gamma \cap F$ implique qu'il existe une suite finie $\{x_1, \ldots, x_m\} \subset F$ telle que

$$(\Gamma \cap F) \subset \bigcup_{j=1}^{m} U_{x_j}. \tag{346}$$

Maintenant, si $x \in \Gamma \cap F$, nécessairement $x \in U_{x_j}$ pour un certain $j \in \{1, \ldots, m\}$ et, du fait de (345), $x = x_j$, d'où le fait que $\Gamma \cap F$ est fini.

Nous pouvons donc désigner par $f_1, \ldots, f_k$ les points de $\Gamma \cap F$. Puisque les points de F sont isolés, il est possible de déformer γ en chaque f_i de sorte que γ contourne f_i par un demi-cercle qui ne coupe pas F (il suffit de choisir un demi-cercle de rayon $\rho' \leq \rho_i$ pour tout f_i - voir Fig. 7).

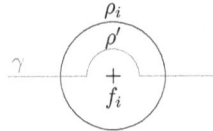

FIGURE 7 – Déformation de γ.

Grâce à cette méthode, nous obtenons un chemin reliant z_1 à z_2 et évitant les points de F. Par conséquent, $\Omega \backslash F$ est connexe par arcs et donc connexe.

$\square$

14   Différence entre filtre et base de filtre

Nous utilisons de manière récurrente, dans la construction des corps de germes, la notion de *base de filtre* (6.1). Nous donnons ici quelques rappels concernant les filtres, que l'on rencontre plus fréquemment, et leur rapport avec les bases de filtre. Pour davantage de précision, voir [Bou71], p36-38.

Définition 14.1 *Soit X un ensemble. On appelle* filtre *sur X toute partie F de $\mathscr{P}(X)$ telle que :*

i) F est non vide ;

ii) $\emptyset \notin F$;

iii) toute partie P de X telle que $\exists f \in F$, $f \subset P$, est elle-même un élément de F ($P \in F$) ;

iv) l'intersection de deux parties de X qui sont dans F est aussi dans F.

La notion de base de filtre intervient lorsque l'on cherche à savoir à quelle(s) condition(s) une famille de parties de X est contenue dans un filtre.

Si $\mathscr{B} \subset \mathscr{P}(X)$ est un ensemble de parties de X, définissons σ' comme l'ensemble des intersections finies d'éléments de $\mathscr{B}$ et σ'' comme l'ensemble des parties de X qui contiennent un élément de σ' (*i.e.* l'ensemble des parties de X qui contiennent une intersection finie d'éléments de $\mathscr{B}$).

Alors σ'' est un filtre si et seulement si aucune des intersections finies d'éléments de $\mathscr{B}$ n'est vide, *i.e.* si et seulement si $\emptyset \not\subset \sigma'$. Si cette condition est vérifiée, on appelle σ'' le *filtre engendré* par $\mathscr{B}$ et on dit que $\mathscr{B}$ est un *système générateur* de σ''.

Cependant, si $\mathscr{B}$ engendre le filtre F sur X, F n'est pas nécessairement l'ensemble des parties de X qui contiennent un élément de $\mathscr{B}$. C'est le cas si et seulement si $\mathscr{B}$ satisfait les conditions suivantes :

– l'intersection de deux éléments de $\mathscr{B}$ contient un élément de $\mathscr{B}$;

– $\mathscr{B}$ n'est pas vide et la partie vide de X n'appartient pas à $\mathscr{B}$.

On dit alors que $\mathscr{B}$ est une *base du filtre qu'il engendre*.

La raison pour laquelle nous utilisons des bases de filtre et non des filtres est la suivante : la condition *iii)* de la définition d'un filtre (toute sur-partie d'un élément d'un filtre est elle-même un élément du filtre) rend impossible la construction d'un filtre d'ouverts comme le montre l'exemple suivant. Or c'est précisément d'ensemble d'ouverts que nous avons besoin pour nos familles de fonctions.

Exemple 14.2 *Si $z_0 \in \mathbb{C}$, nous définissons la base de filtre suivante :*

$$\mathscr{B}_{z_0} = \{X \text{ ouvert de } \mathbb{C},\ \exists r > 0,\ \mathcal{B}_r(z_0) \backslash \{z_0\} \subset X\}. \tag{347}$$

$\mathscr{B}_{z_0}$ n'est pas un filtre. En effet, il est facile de trouver des parties de $\mathbb{C}$ contenant un élément de $\mathscr{B}_{z_0}$ mais qui, n'étant pas ouvertes, ne font pas partie de $\mathscr{B}_{z_0}$.

15   Remarques sur le monoïde partiellement commutatif libre

Nous revenons dans cette section sur l'existence d'un isomorphisme entre $k\langle X, \theta \rangle$ et $k[M(X, \theta)]$.

Un *alphabet à commutations* est un ensemble X muni d'une relation θ symétrique et irréflexive (si $x \in X$, $(x, x) \notin \theta$). Soit (X, θ_X) et (Y, θ_Y) deux alphabets à commutations et $f : X \to Y$ une application (ensembliste). On dit que f *respecte les commutations* si, pour tous $x, y \in X$ tels que $(x, y) \in \theta_X$, on a soit $f(x) = f(y)$, soit $(f(x), f(y)) \in \theta_Y$. Les alphabets à commutations forment avec les fonctions respectant les commutations une catégorie.

Introduisons les notations suivantes :

1. Le *monoïde partiellement commutatif libre* $M(X, \theta)$ sur l'alphabet à commutations (X, θ) et $j_{(X,\theta)}^{\mathrm{Mon}} : (X, \theta) \to M(X, \theta)$ l'injection canonique (qui identifie un élément de X avec un élément de $M(X, \theta)$ de longueur[8] 1). Rappelons qu'il est défini par générateurs et relations par

$$M(X, \theta) = \langle X, \{(xy, yx)\}_{(x,y) \in \theta} \rangle_{\mathrm{Mon}}. \tag{348}$$

2. L'algèbre $k[M]$ d'un monoïde M et $j_M^{\mathrm{Alg}} : M \to k[M]$ l'injection canonique (qui envoie $x \in M$ sur sa masse de Dirac).

3. L'algèbre partiellement commutative libre $k\langle X, \theta \rangle$, libre sur l'alphabet à commutation (X, θ) et $j_{(X,\theta)}^{\mathrm{Alg}} : (X, \theta) \to k\langle X, \theta \rangle$ l'injection canonique (qui envoie x sur sa masse de Dirac). Elle respecte les commutations : soit $x, y \in X$ tels que $(x, y) \in \theta$; alors

$$j_{(X,\theta)}^{\mathrm{Alg}}(x) j_{(X,\theta)}^{\mathrm{Alg}}(y) = j_{(X,\theta)}^{\mathrm{Alg}}(y) j_{(X,\theta)}^{\mathrm{Alg}}(x). \tag{349}$$

Nous voulons montrer que $k\langle X, \theta \rangle \cong k[M(X, \theta)]$ (en tant qu'algèbres).

Puisque $k\langle X, \theta \rangle$, en plus d'être une algèbre, est un monoïde (pour la multiplication), l'application $j_{(X,\theta)}^{\mathrm{Alg}} : (X, \theta) \to k\langle X, \theta \rangle$, qui respecte les commutations, se prolonge de façon unique (puisque $M(X, \theta)$ est libre sur (X, θ)) en un homomorphisme de monoïdes $\widehat{j}_{(X,\theta)}^{\mathrm{Alg}} : M(X, \theta) \to k\langle X, \theta \rangle$ (respectant les commutations) tel que

$$\widehat{j}_{(X,\theta)}^{\mathrm{Alg}} \circ j_{(X,\theta)}^{\mathrm{Mon}} = j_{(X,\theta)}^{\mathrm{Alg}}.$$

Maintenant, puisque $k[M(X, \theta)]$ est libre sur le monoïde $M(X, \theta)$ et que $\widehat{j}_{(X,\theta)}^{\mathrm{Alg}}$ est un

---

8. La longueur est bien définie car la relation définissant $M(X, \theta)$ est multihomogène.

homomorphisme de monoïdes, la liberté de $k[M(X,\theta)]$ sur $M(X,\theta)$ implique qu'il existe un unique homomorphisme d'algèbres $\phi \; : k[M(X,\theta)] \to k\langle X,\theta \rangle$ tel que

$$\phi \circ j^{\mathrm{Alg}}_{M(X,\theta)} = \widehat{j}^{\mathrm{Alg}}_{(X,\theta)}.$$

Par ailleurs, $j^{\mathrm{Alg}}_{M(X,\theta)} \circ j^{\mathrm{Mon}}_{(X,\theta)} \; : (X,\theta) \to k[M(X,\theta)]$ est une application respectant les commutations. Il existe donc un unique homomorphisme d'algèbres $\psi \; : k\langle X,\theta \rangle \to k[M(X,\theta)]$ tel que

$$\psi \circ j^{\mathrm{Alg}}_{(X,\theta)} = j^{\mathrm{Alg}}_{M(X,\theta)} \circ j^{\mathrm{Mon}}_{(X,\theta)}$$

car $k\langle X,\theta \rangle$ est libre sur (X,θ).

Il reste à montrer que $\phi \circ \psi = \mathrm{Id}_{k\langle X,\theta \rangle}$ et $\psi \circ \phi = \mathrm{Id}_{k[M(X,\theta)]}$.
D'une part,

$$\phi \circ \psi \circ j^{\mathrm{Alg}}_{(X,\theta)} = \phi \circ j^{\mathrm{Alg}}_{M(X,\theta)} \circ j^{\mathrm{Mon}}_{(X,\theta)} = \widehat{j}^{\mathrm{Alg}}_{(X,\theta)} \circ j^{\mathrm{Mon}}_{(X,\theta)} = j^{\mathrm{Alg}}_{(X,\theta)}.$$

Or on a aussi $\mathrm{Id}_{k\langle X,\theta \rangle} \circ j^{\mathrm{Alg}}_{(X,\theta)} = j^{\mathrm{Alg}}_{(X,\theta)}$. Par la propriété universelle de $k\langle X,\theta \rangle$, il n'existe qu'un seul homomorphisme d'algèbres vérifiant ces égalités, de sorte que

$$\phi \circ \psi = \mathrm{Id}_{k\langle X,\theta \rangle}.$$

D'autre part,
$$\psi \circ \phi \circ j^{\mathrm{Alg}}_{M(X,\theta)} = \psi \circ \widehat{j}^{\mathrm{Alg}}_{(X,\theta)},$$

puis
$$\psi \circ \phi \circ j^{\mathrm{Alg}}_{M(X,\theta)} \circ j^{\mathrm{Mon}}_{(X,\theta)} = \phi \circ \widehat{j}^{\mathrm{Alg}}_{(X,\theta)} \circ j^{\mathrm{Mon}}_{(X,\theta)}$$
$$= \psi \circ j^{\mathrm{Alg}}_{(X,\theta)}$$
$$= j^{\mathrm{Alg}}_{M(X,\theta)} \circ j^{\mathrm{Mon}}_{(X,\theta)}.$$

On en déduit que
$$\psi \circ \phi \circ j^{\mathrm{Alg}}_{M(X,\theta)} = \mathrm{Id}_{(X,\theta)}$$

et enfin que
$$\psi \circ \phi = \mathrm{Id}_{k[M(X,\theta)]}$$

(par les propriétés universelles). $\qquad\qquad\qquad\qquad\qquad\qquad\qquad\qquad\qquad\qquad$ $\square$

16 Remarques sur la dualisation

Nous revenons dans cette section sur une construction utilisée à plusieurs reprises dans les paragraphes précédents, celle d'une base duale dans le cas de l'algèbre libre.

Commençons par rappeler la définition d'une algèbre M-graduée. Soit $\mathcal{A}$ une algèbre associative sur k et M un monoïde additif. On dit que $\mathcal{A}$ est M-graduée si elle se décompose, en tant qu'espace vectoriel, de la façon suivante :

$$\mathcal{A} = \bigoplus_{m \in M} \mathcal{A}_m \qquad (350)$$

avec $\mathcal{A}_m \mathcal{A}_{m'} \subseteq \mathcal{A}_{m+m'}$ pour tous m, $m' \in M$. Les $\mathcal{A}_m$, $m \in M$, sont appelés *composantes homogènes* de $\mathcal{A}$. De plus, on dit que $\mathcal{A}$ est *graduée en dimension finie* si chacun des $\mathcal{A}_m$, $m \in M$, est un espace vectoriel de dimension finie.

L'algèbre libre peut être graduée de différentes façons qui utilisent chacune une fonction de poids $\phi : X^* \to M$, définie sur les mots et engendrant les composantes homogènes suivantes :

$$(k\langle X \rangle)_m = \operatorname{span} \{w \in X^*, \, \phi(w) = m\}, \quad m \in M. \qquad (351)$$

Un premier exemple de graduation est donné par la longueur des mots : M est alors le monoïde $(\mathbb{N}, +)$ et la fonction de poids $\phi_1(w) = |w|$, $\forall w \in X^*$. Cette graduation n'est cependant pas satisfaisante car les composantes homogènes auxquelles elle donne naissance $((k\langle X \rangle)_\ell = \{\text{ensemble des mots de longueur } \ell\})$ ne sont pas de dimension finie. En effet, dans le cas où l'alphabet est infini, il existe un nombre infini de mots de longueur donnée.

C'est pour cette raison que nous introduisons une seconde graduation : on considère alors le monoïde des multiindices $(\mathbb{N}^{(X)}, +)$ (monoïde des fonctions à support fini de X dans $\mathbb{N}$) et la fonction de poids est donnée par

$$\phi_2 : \begin{cases} X & \to & \mathbb{N}^{(X)} \\ x_i & \mapsto & e_i = (0, \ldots, 0, 1, 0, \ldots), \end{cases} \qquad (352)$$

étendue comme morphisme de monoïdes aux mots de sorte que $\phi_2(w) = \operatorname{multideg}(w)$ est le multidegré de w, c'est-à-dire le nombre d'occurrences de chaque lettre de l'alphabet considéré dans w. Par exemple, si $X = \{a, b, c\}$ et $w = abbcab$, $\operatorname{multideg}(w) = (2, 3, 1)$.

Même dans le cas d'un alphabet infini, les composantes (multi)-homogènes $k\langle X \rangle_\alpha = \{$ ensemble des mots de multidegré $\alpha\}$, $\alpha \in \mathbb{N}^{(I)}$, sont de dimension finie. On dit que $k\langle X \rangle$ est *graduée en dimension finie par la multihomogénéité*. C'est cette graduation que nous avons utilisée.

On appelle *famille multihomogène* de $k\langle X\rangle$ une famille $(B_w)_{w\in X^*}$ telle que $\forall w \in X^*$, multideg$(w) = \alpha$:

$$B_w \in (k\langle X\rangle)_\alpha. \tag{353}$$

Il est toujours possible, lorsque l'on considère une base $(B_w)_{w\in X^*}$ de l'algèbre libre de construire une famille duale $(D_w)_{w\in X^*}$, définie par $\langle D_u|B_v\rangle$, $\forall u, v \in X^*$. A priori, cette famille est une famille de séries (rappelons que $(k\langle X\rangle)^* = k\langle\langle X\rangle\rangle$).

Cependant, lorsque la famille $(B_w)_{w\in X^*}$ est multihomogène, la famille duale est une famille de polynômes qui forment une base de $k\langle X\rangle$. On peut alors construire les D_w comme suit : pour chaque multidegré $\alpha \in \mathbb{N}^{(X)}$, on construit la matrice M des coefficients des B_w, $w \in X^\alpha$ sur les mots :

$$M_{uv} = \langle B_u|v\rangle. \tag{354}$$

La matrice des coefficients des D_w, $w \in X^\alpha$ sur les mots, est donnée par $({}^tM)^{-1}$:

$$\langle D_u|v\rangle = \left({}^tM\right)^{-1}_{vu}. \tag{355}$$

Il est facile de voir que M est inversible en tant que matrice de changement de bases.

Le processus de dualisation conserve les propriétés de multihomogénéité et de triangularité (à ceci près que la base duale d'une base triangulaire inférieure est triangulaire supérieure).

Références

[AS64]   M. Abramowitz and I. A. Stegun. *Handbook of Mathematical Functions with Formulas, Graphs, and Mathematical Tables*. Dover, New York, Ninth Dover printing, Tenth GPO printing edition, 1964.

[Bar06]   P. Barry. On Integer-Sequence-Based Constructions of Generalized Pascal Triangles. *Journal of Integer Sequences*, 9(Article 06.2.4), 2006.

[Bee97]   C. W. J. Beenakker. Random-matrix theory of quantum transport. *Rev. Mod. Phys.*, 69(3) :731–808, Jul 1997.

[Bou71]   N. Bourbaki. *Topologie générale : chapitre 1 à 4*. Hermann, 1971.

[Bou76]   N. Bourbaki. *Fonctions d'une Variable Réelle*. Hermann, Paris, 1976.

[Car14]   F. Carlson. Sur une classe de séries de Taylor. Dissertation, 1914. Uppsala, Sweden.

[CDLV10]   C. Carré, M. Deneufchâtel, J.-G. Luque, and P. Vivo. Asymptotics of Selberg-like integrals : The unitary case and Newton's interpolation formula. *Journal of Mathematical Physics*, 51(12) :123516, 2010.

[CF69]   P. Cartier and D. Foata. *Problèmes combinatoires de commutation et réarrangements*, volume 85 of *LNM*. Springer-Verlag, Berlin, 1969.

[Che77]   K. T. Chen. Iterated path integrals. *Bull. Amer. Math. Soc.*, 83 :831–879, 1977.

[DBH+10]   G. H. E. Duchamp, P. Blasiak, A. Horzela, K. A. Penson, and A. I. Solomon. A three-parameter Hopf deformation of the algebra of Feynman-like diagrams. *Russian Laser Research*, 31(2), 2010.

[DDM12]   M. Deneufchâtel, G. H. E. Duchamp, and V. Hoang Ngoc Minh. Dual Families in Enveloping Algebras. In *Proceedings of the 37th International Symposium on Symbolic and Algebraic Computation*, ISSAC '12, page? ?, New York, NY, USA, 2012. ACM Press. Poster.

[DDMS11]   M. Deneufchâtel, G. H. E. Duchamp, V. Hoang Ngoc Minh, and A. I. Solomon. Independence of Hyperlogarithms over Function Fields via Algebraic Combinatorics. In Franz Winkler, editor, *Algebraic Informatics - 4th International Conference, CAI 2011, Linz, Austria, June 21-24, 2011. Proceedings*, volume 6742 of *Lecture Notes in Computer Science*, pages 127–139. Springer, 2011.

[Den10]   M. Deneufchâtel. How to compute Selberg-like integrals? In LAMFA, editor, *13ièmes Journées Montoises d'Informatique Théorique, 2010, Amiens, France, September 6-10, 2010. Proceedings*. LAMFA, 2010.

[DFLL01]   G. H. E. Duchamp, M. Flouret, E. Laugerotte, and J.-G. Luque. Direct and
           dual laws for automata with multiplicities. *Theoretical Computer Science*,
           267 :105–120, 2001.

[DK92]   G. H. E. Duchamp and D. Krob. The lower central series of the free partially
           commutative group. *Semigroup Forum*, 45(3) :385–394, 1992.

[DKKT97]   G. H. E. Duchamp, A. A. Klyachko, D. Krob, and J.-Y. Thibon. Noncom-
           mutative symmetric functions III : Deformations of Cauchy and convolu-
           tion structures. *Discrete Mathematics and Theoretical Computer Science*,
           1 :159–216, 1997. In "Special Issue : Lie Computations", G. Jacob, V.
           Koseleff, Eds.

[DKLT96]   G. H. E. Duchamp, D. Krob, B. Leclerc, and J.-Y. Thibon. Fonctions
           quasi-symétriques, fonctions symétriques non commutatives et algèbres de
           Hecke à $q = 0$. *Comptes Rendus de l'Academie des Sciences. Serie 1,
           Mathématiques*, 322 :107–112, 1996.

[DL12]   C. F. Dunkl and J.-G. Luque. Vector valued Macdonald polynomials. *Sé-
           minaire Lotharingien de Combinatoire*, 66 :B66b (68pp), February 2012.

[DLN+11]   G. H. E. Duchamp, J.-G. Luque, J.-C. Novelli, C. Tollu, and F. Toumazet.
           Hopf algebras of diagrams. *International Journal of Algebra and Compu-
           tation*, 21(3) :1–23, May 2011.

[DLPT]   G. H. E. Duchamp, J.-G. Luque, K. A. Penson, and C. Tollu. Free quasi-
           symmetric functions, product actions and quantum field theory of parti-
           tions. Submitted 28.11.04.

[Duc02]   Duchamp, G. H. E. and Hivert, F. and Thibon, J.-Y. Noncommutative
           Symmetric Functions VI : Free Quasi-Symmetric Functions and Related
           Algebras. *International Journal of Algebra and Computation*, 12 :671–717,
           2002.

[Duc11]   Duchamp, G. H. E. and Hivert, F. and Novelli, J.-C. and Thibon, J.-Y.
           Noncommutative Symmetric Functions VII : Free Quasi-Symmetric Func-
           tions Revisited. *Annals of Combinatorics*, 15 :655–673, 2011.

[Dys49]   F. J. Dyson. The Radiation Theories of Tomonaga, Schwinger, and Feyn-
           man. *Phys. Rev.*, 75 :486–502, Feb 1949.

[Fli81]   M. Fliess. Fonctionnelles causales non linéaires et indéterminées non com-
           mutatives. *Bull. Soc. Math. France*, 109 :3–40, 1981.

[Fli83]   M. Fliess. Réalisation locale des systèmes non linéaires, algèbres de Lie
           filtrées transitives et séries génératrices. *Invent. Math.*, 71 :521–537, 1983.

[FW08]   P. J. Forrester and S. O. Warnaar. The importance of the Selberg integral.
           Bull. Amer. Math. Soc, 45 :489–534, 2008.

[GKL+95]   I. M. Gelfand, D. Krob, A. Lascoux, B. Leclerc, V. S. Retakh, and J.-Y.
           Thibon. Noncommutative symmetric functions. *Advances in Mathematics*,
           112, 1995.

[GMGW98]   T. Guhr, A. Muller-Groeling, and H. A. Weidenmuller. Random matrix
           theories in quantum physics : Common concepts. *Phys. Rept.*, 299 :189–
           425, 1998.

[Gre55]   J. A. Green. The characters of the finite general linear groups. *Transactions
           of the American Mathematical Socie*, 80, 1955.

[Guy00]   R. K. Guy. Catwalks, Sandsteps and Pascal Pyramids. *J. Integer Seqs.*,
           3(Article 00.1.6.), 2000.

[Hal59]   P. Hall. The algebra of partitions. *Proceedings of the 4th Canadian Mathe-
           matics Congress*, 1959.

[Hiv05]   Hivert, F. and Novelli, J.-C. and Thibon, J.-Y. The algebra of binary search
           trees. *Theoretical Computer Science*, 339(1) :129–165, 2005.

[HMvdHJ00] Minh H.N., Petitot M., and van der Hoeven J. Shuffle algebra and polylo-
           garithms. *Discrete Mathematics*, 225(1) :217–230, 2000.

[HNT05]   F. Hivert, J.-C. Novelli, and J.-Y. Thibon. Commutative Hopf algebras of
           permutations and trees. 2005.

[Hof00]   M. E. Hoffman. Quasi-shuffle products. *J. Algebraic Comb.*, 11(1) :49–68,
           January 2000.

[Jac70]   H. Jack. Class of Symmetric Polynomials with a Parameter. *Proc. Roy.
           Soc. Edinburgh Sec. A : Math. Phys. Sci.*, 69, 1969-1970.

[Kad97]   K.W. J. Kadell. The Selberg-Jack polynomials. *Adv. in Math*, 130, 1997.

[Kan93]   J. Kaneko. Selberg integrals and hypergeometric functions associated with
           Jack polynomials. *SIAM J. Math. Anal.*, 24(4), 1993.

[KL93]   D. Krob and P. Lalonde. Partially commutative Lyndon words. In *10th
           Annual Symposium on Theoretical Aspects of Computer Science*, volume
           665 of *LNCS*, pages 237–246, Würzburg, Germany, Feb 1993. Springer.

[KLT97]   D. Krob, B. Leclerc, and J.-Y. Thibon. Noncommutative symmetric func-
           tions II : Transformations of alphabets. *International Journal of Algebra
           and Computation*, 7, (2) :181–264, 1997.

[Kra10]   Krattenthaler, C. Asymptotic analysis of a Selberg-type integral via hy-
           pergeometrics, 2010.

[KSS09]   B. A. Khoruzhenko, D. V. Savin, and H. J. Sommers. Systematic approach
           to statistics of conductance and shot-noise in chaotic cavities. *Physical
           Review B*, 80 :125301, 2009.

[KT97]   D. Krob and J.-Y. Thibon. Noncommutative symmetric functions IV : Quantum linear groups and Hecke algebras at $q = 0$. *Journal of Algebraic Combinatorics*, 6, (4) :339–376, 1997.

[KT99]   D. Krob and J.-Y. Thibon. Noncommutative symmetric functions V : A degenerate version of $U_q(Gl_N)$. *International Journal of Algebra and Computation*, 9, 3/4 :405–430, 1999. "Special issue for the memory of M. Schutzenberger", J.E. Pin Ed.

[Lal93]   P. Lalonde. Bases de Lyndon des algèbres de Lie libres partiellement commutatives. *Theoretical Computer Science*, 117(1-2) :217 – 226, 1993.

[Lap72]   Lappo-Danilevskiĭ, J.A. *Systèmes Des Équations Différentielles Linéaires.* Chelsea Publishing Series. Amer. Mathematical. Society, 1972.

[Las01]   A. Lascoux. Yang-Baxter Graphs, Jack and Macdonald Polynomials. *Annals of Combinatorics*, 5 :397–424, 2001. 10.1007/s00026-001-8019-3.

[Las03]   A. Lascoux. Symmetric Functions and Combinatorial Operators on Polynomials. In *CBMS : Conference Board of the Mathematical Sciences, Regional Conference Series*, 2003.

[Lew81]   L. Lewin. *Polylogarithms and associated functions.* North Holland, New York and Oxford, 1981.

[Lit61]   D. E. Littlewood. On certain symmetric functions. *Proceedings of the London Mathematical Society*, 43, 1961.

[LR11]   R. Loday and M. Ronco. Combinatorial Hopf Algebras. *Clay Mathematics Proceedings*, 11 :347–383, 2011.

[LT02]   J.-G. Luque and J.-Y. Thibon. Pfaffian and Hafnian identities in shuffle algebras. *Adv. Appl. Math.*, 29 :620–646, November 2002.

[LT03]   J.-G. Luque and J.-Y. Thibon. Hankel hyperdeterminants and Selberg integrals. *Journal of Physics A : mathematical and general*, 36(19) :5267–5292, 2003.

[LT04]   J.-G. Luque and J.-Y. Thibon. Hyperdeterminantal calculations of Selberg's and Aomoto's integrals. *Molecular Physics*, 102(11-12) :1351–1359, 2004. Special issue : in Memory of Brian Garner Wybourne.

[Mac73]   I. G. Macdonald. Spherical functions on a group of p-adic type. *Uspekhi Mat. Nauk*, 28, 1973.

[Mac88]   I. G. Macdonald. A New Class Of Symmetric Functions. In *Publ. I.R.M.A. Strasbourg, 372/S20, Actes du 20ième Séminaire Lotharingien de Combinatoire*, pages 131–171, 1988.

[Mac95]   I. G. Macdonald. *Symmetric functions and Hall polynomials.* Oxford University Press, second edition, 1995.

[Mag54]   W. Magnus. On the exponential solution of differential equations for a linear
           operator. *Communications on Pure and Applied Mathematics*, 7(4) :649–
           673, 1954.

[Meh67]   M. L. Mehta. *Random matrices*. Academic Press, New York, 1967.

[Min04]   V. Hoang Ngoc Minh. Shuffle algebra and differential Galois group of
           colored polylogarithms. *Nuclear Physics B (Proc. Suppl.)*, 135 :220–224,
           2004.

[Min07]   V. Hoang Ngoc Minh. Algebraic Combinatoric Aspects of Asymptotic Ana-
           lysis of Nonlinear Dynamical System with Singular Inputs. *Computer Alge-
           bra and Differential Equations, Acta Academica Aboensis*, 67(2) :217–230,
           2007.

[Min09]   V. Hoang Ngoc Minh. On a conjecture by Pierre Cartier about a group of
           associators. June 2009.

[MPS87]   K. A. Muttalib, J. L. Pichard, and A. D. Stone. Random-Matrix Theory
           and Universal Statistics for Disordered Quantum Conductors. *Phys. Rev.
           Lett.*, 59(21) :2475–2478, Nov 1987.

[MR89]   G. Mélançon and C. Reutenauer. Lyndon words, free algebras and shuffles.
           Can. J. Math., 61(4), 1989.

[Nov07]   M. Novaes. Full counting statistics of chaotic cavities with many open
           channels. *Phys. Rev. B*, 75 :073304, Feb 2007.

[Nov08]   M. Novaes. Statistics of quantum transport in chaotic cavities with broken
           time-reversal symmetry. *Phys. Rev. B*, 78 :035337, Jul 2008.

[Nov11]   M. Novaes. Asymptotics of Selberg-like integrals by lattice path counting.
           Annals of Physics, 326(4) :828 – 838, 2011.

[NPT11]   J.-C. Novelli, F. Patras, and J.-Y. Thibon. Natural endomorphisms of
           quasi-shuffle hopf algebras. Jan 2011.

[NT07a]   J.-C. Novelli and J.-Y. Thibon. Hopf algebras and dendriform structures
           arising from parking functions. *Fundamenta Mathematicae*, 193(1) :189–
           241, 2007.

[NT07b]   J.-C. Novelli and J.-Y. Thibon. Parking functions and descent algebras.
           Annals of Combinatorics, 11(1) :59–68, 2007.

[NTT04]   J.-C. Novelli, J.-Y. Thibon, and N. M. Thiéry. Hopf Algebras of Graphs.
           Comptes Rendus de l'Académie des Sciences - Series I - Mathematics,
           339(9) :607–610, 2004.

[PWZ96]   Marko Petkovšek, Herbert S. Wilf, and Doron Zeilberger. $A = B$. A. K.
           Peters, Wellesley, MA, 1996.

[Rad79]   D. E. Radford. A natural ring basis for the shuffle algebra and an applica-
            tion to group schemes. *J. of Algebra*, 58(2) :432–454, 1979.

[Reu93]   C. Reutenauer. *Free Lie Algebras*. Number 7 in London Math. Soc. Monogr.
            (N.S.). Oxford University Press, 1993.

[RS06]   M.H. Rosas and B.E. Sagan. Symmetric functions in noncommuting va-
            riables. *Transactions of the American Mathematical Society*, 358(1) :215–
            232, 2006.

[Sel44]   A. Selberg. Bemerkningen om et multiplet integral. *Norsk Matematisk
            Tidsskrift*, 26 :71–78, 1944.

[Slo]   N. J. A. Sloane. The On-Line Encyclopedia of Integer Sequences.

[Tef04]   A. Tefera. What is... a Wilf-Zeilberger pair ? *AMS Notices*, 57, 2004.

[Vie86]   G. X. Viennot. Heaps of pieces I : Basic definitions and combinatorial
            lemmas. In G. Labelle et al., editors, *Proceedings Combinatoire énumera-
            tive, Montréal, Québec (Canada) 1985*, number 1234 in Lecture Notes in
            Mathematics, pages 321–350, Heidelberg, 1986. Springer-Verlag.

[Wec]   G. Wechsung. Functional Equations of Hyperlogarithms. *in [?]*.

[Woj91]   Z. Wojtkowiak. A note on functional equations of the p-adic polylogarithms.
            Bull. Soc. Math. Fr., 119(3) :343–370, 1991.

[Woj04]   Z. Wojtkowiak. On l-adic iterated integrals. I. Analog of Zagier conjecture.
            Nagoya Math. J., 176 :113–158, 2004.

[Woj05]   Z. Wojtkowiak. On l-adic iterated integrals, II. Functional equations and
            l-adic iterated polylogarithms. *Nagoya Math. J.*, 177 :117–153, 2005.

www.ingramcontent.com/pod-product-compliance
Lightning Source LLC
Chambersburg PA
CBHW021110210326
41598CB00017B/1398